機械昆蟲製作全書

機械昆蟲製作全

不斷進化中的
機械變種生物

CRAFT FACTORY
SHOVEL HEAD
宇田川譽仁

編輯 角丸圓

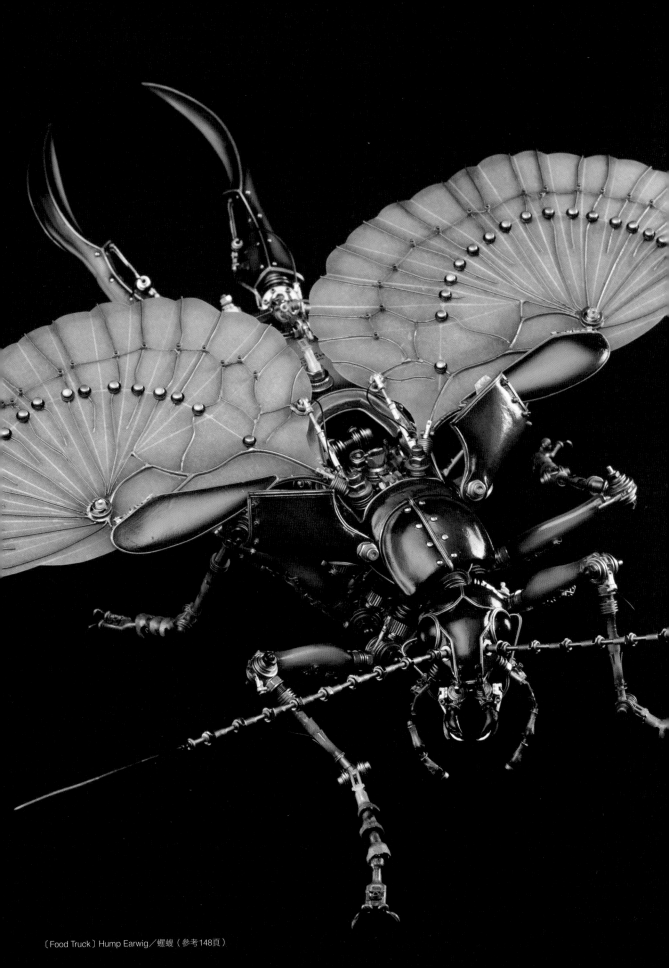

〔Food Truck〕Hump Earwig／蠼螋（參考148頁）

〔羽化／蛁蟟（鳴蟬）〕Robust Cicada／鳴蟬（部分作品　参考150頁）

〔Memory IC〕Monarch／帝王斑蝶（參考152頁）

〔飛蝗〕Migratory Locust／飛蝗（參考153頁）

頭部的特寫

〔Caucasus beetle〕高加索南洋大兜蟲（参考154頁）

本書中使用的主要工具・道具

是極常使用的工具，可以說是Shovel Head工作室的必備神器。

鑷子

建議最好選用握把厚度較厚的產品，握起來比較順手。準備直尖型（上）與彎尖型（下）兩種。

美工刀

可用於黏土乾燥後的塑形以及裁切各種素材。這裏選用30°刀刃的產品。

刮棒

紙黏土塑形用。刮棒的形狀雖然各式各樣，但只要任選其中一種就足夠使用了。

錐子

做記號或是打孔、壓住銲錫線時使用。視前端的尖銳程度不同來分別選用。

尖嘴鉗

使用於金屬線的加工，或是無法徒手碰觸的作業。

斜口鉗

用來切斷金屬線。依照素材的強度來分別選用大小不同的尺寸。

剪線器

剪切如不銹鋼等堅固素材的時候使用。

六角扳手

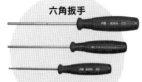

用來鎖緊組裝時經常會使用到的內六角螺栓（圓柱頭螺栓）。

六角扳手（球型）

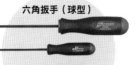

當扳手無法垂直進入作業空間時，可以使用前端為球形的扳手樣式。

螺絲起子

內十字螺絲用。常用於分解廢棄品。

梅花扳手

用來鎖緊或鬆開螺帽。

開口扳手

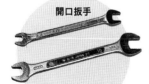

和梅花扳手相同，用來鎖緊或鬆開螺帽。

金屬工藝銼刀（工藝銼刀）

金屬素材或紙黏土、塑料的塑形時使用。

筆刷

大部分的塗裝都會使用噴漆，因此塗裝用的筆刷只要準備細的畫筆，以及中的平筆就足夠了。

銲錫・烙鐵

主要用於將銅、黃銅、洋白銅接合時的銲接作業，會與銲錫（左）一起使用。

游標卡尺

量測厚度及內、外徑時使用。

L型尺

用來量測尺寸的金屬製直尺。也可用作裁切作業時的輔助工具。也被稱為「角尺」。

沖模

用來將圓柱形的棒狀物切削出螺紋的工具。

絲攻

用來將孔洞內側刻出螺紋的道具。

電動刻磨機

在塑形作業的初期，為了讓作業更有效率，可以使用電動刻磨機。配合加工形狀的不同，可以更換前端的刻磨套件。

油漆噴槍

大多於塗裝時用來強調作品的明亮、陰影部分使用。更是噴漆罐無法呈現出來的漸層塗裝效果之必需品。

目次

<table>
<tr><td>第1章</td></tr>
</table>

由紙黏土開始製作的原創作品

帝王泥壺蜂的製作方法（單件作品的製作流程）

製作帝王泥壺蜂

<table>
<tr><td>第2章</td></tr>
</table>

由複製品開始製作的原創作品

7種不同金龜子的製作方法（量產品的製作流程）

製作金龜子

<table>
<tr><td>第3章</td></tr>
</table>

將各種不同素材組合而成的原創作品

展示用底座的製作方法（支撐作品的底座製作流程）

製作底座

<table>
<tr><td>第4章</td></tr>
</table>

從過去到現在的原創作品

各式各樣不同的機械昆蟲

自廢棄品取下作為庫存的零件類。▶
可以用於細節精細化處理時使用。

本書的目的

　　本書將各式各樣的「機械昆蟲」作品的製作流程，透過見到照片就能理解的方式分章進行解說。第1章的作品藉由塗裝與細節精細化加工的處理，呈現出金屬打造的機械質感，作品本體的主要材料是紙黏土（一部分為環氧樹脂補土），而這道黏土塑形的製作流程，是營造出具有昆蟲特色的重要環節。猶如素描需要不斷反覆修改一般，一再重覆仔細作業，將正確的位置定位出來，可以說是催生高精度作品的重點了吧。

　　原則上相同造型的作品不會再次重製，因此本書所介紹的「機械昆蟲」都是手工製作的「單件作品」。其中也有如同第2章的作品，將本體部分當作原型來以矽膠模翻模製作的「量產類型作品」，但在後續的設計階段都會表現出各自不同的特色，修飾完成後不論是用色或是細節部分都是完全不同的作品。

　　第3章會將第1章解說過的「單件作品」所使用之展示底座的製作方法，仔細地為各位讀者說明。從以前到現在的代表性作品，則刊載於卷頭頁面以及第4章，算是當代紙上展覽館的章節。每件作品都有附上簡單的製作目的解說，如果各位在欣賞作品的同時可以得到一些參考資訊，那就太好了。

大致上的製作流程說明

	工程	詳細內容	材料	工具
①	本體塑形	・紙粘土（也併用環氧樹脂補土） ・乾燥　　＊反覆進行這道工程，直到本體塑形完成為止。 ・定出位置 ・砂紙研磨（150～180號）	・紙黏土（水） ・環氧樹脂補土（稀釋劑＋水）	・刮棒 ・美工刀 ・砂紙　・銼刀 ・電動刻磨機　・鉛筆 ・水瓶　・錐子
②	底層處理	・液態石膏打底劑　＊營造出表面光滑或者是凹凸不平的粗糙質感。 ・砂紙研磨（180～240號）（240～320號） 　　　　　→塑形劑 ・灰色模型底漆	・液態石膏打底劑（3～4種類） ・灰色模型底漆 ・塑形劑　等等	・各種筆刷　・小碟子 ・稀釋劑　・水瓶 ・砂紙　・銼刀
③	塗裝	・底塗 ・中塗 ── 噴漆罐＋筆塗 ・面塗 ── 油漆噴槍塗裝	・透明瓷漆 ・不透明壓克力顏料 ・琺瑯漆 ・油性木器著色劑　等等	・與底層處理相同 ・各種塗料稀釋液 ・油漆噴槍
④	各部位製作	將①～③製作的本體以及其他附屬零件的細節製作 ＊製作展示用底座等，除本體之外的部位。	・金屬材料　・各種零件（螺帽、墊圈、螺栓、管材、銲錫、棒材、板材、昆蟲針、扣眼等等） ・塑膠材料廢材 ・電子零件 ・紙張　・木材　・橡膠 ・玻璃 ・各種接著劑　等等	・鑷子　・錐子 ・鑽孔機　・電動刻磨機 ・扳手　・烙鐵 ・瓦斯噴燈　等等
⑤	組裝	將④製作完成的各部位組裝起來。	同上	同上
⑥	細節精細化處理	觀察整體狀態，進行細節的精細化處理或是修飾作業。	同上	同上

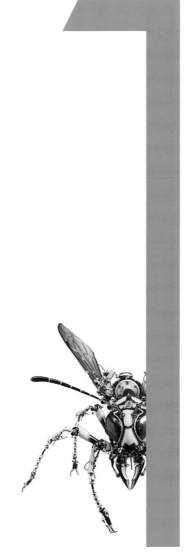

由紙黏土開始製作的原創作品

第1章

············· 帝王泥壺蜂的製作方法
（單件作品的製作流程）

製作機械昆蟲作品時，要考慮到昆蟲的生態、形狀、顏色以及「這些昆蟲是棲息在怎麼樣的地方呢…」這些環境因素。特別是要將活動中的場景狀態或是劇情故事傳達給觀賞者，必須將昆蟲本體，以及為了昆蟲量身訂做的展示用底座，整體視為同一件作品。實際上在進行加工時，為了效率起見，或是製作上的其他考量，本體與展示用底座很多時候是同時進行製作。但為了方便理解，因此將兩者分章解說（展示用底座的製作會在第3章進行解說）。

本章即將開始進入作品中的主角昆蟲「帝王泥壺蜂」的製作程序。

＊帝王泥壺蜂…體長約15mm的蜜蜂。♀會為了幼蟲以泥土建築外形如酒壺的蜂巢。每個巢產1顆卵，並會在巢內塞入以毒針麻痺的毛蟲作為幼蟲的食物。
＊由此開始將「機械昆蟲」簡稱為「昆蟲」。

泥壺蜂的大小約20cm。

腹部因為有凹陷曲線，所以要分成 2 個零件來製作。

蜂巢要有以3D列印製作出來的感覺。

樹枝預計使用漂流木。

蜂巢和樹枝的接合部位，計畫增加更多機械的部分。

支柱使用鋁板製作。

盒型底座預計使用木製方塊製作。

▲完成後的整體印象素描
一般筆者在製作前並不會繪製素描草稿，這次是為了將預計製作的形象明確傳達給各位，才將事先將其可視化。

本體塑形

首先以紙黏土製作泥壺蜂的身體。製作時大致區分為泥壺蜂本體、展示用底座（酒壺狀的蜂巢、支撐樹枝的支柱、盒型底座）、以及尺蠖蛾幼蟲等 3 大部分。為了容易掌握整體形象，要先畫出設計圖的素描草稿。

①　以紙黏土開始製作

▲由包裝袋中取出必要的紙黏土分量，製作出頭部、胸部、腹部的雛形。所使用的黏土是紫香樂教材黏土公司生產的輕量紙黏土「シルキークレイ/ゴールド（Milky Clay / Gold）」。質地輕，方便加工。

◀這是作為模特兒（設計原型）的帝王泥壺蜂標本。當各位理解昆蟲的身體結構到某種程度後，就可以自行創作出屬於自己的機械昆蟲形態與構造。

🖊 塑形出本體的內芯

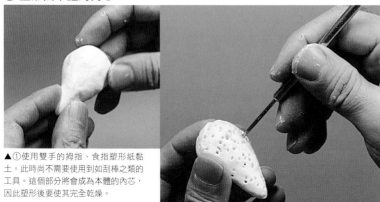

▲①使用雙手的拇指、食指塑形紙黏土。此時尚不需要使用到如刮棒之類的工具。這個部分將會成為本體的內芯，因此塑形後要使其完全乾燥。

▲②塑形作業大致完成後，使用如錐子般的針狀工具將整體穿刺出許多孔洞。

頭部（表側）

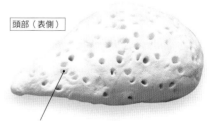

❗ 穿刺孔洞的理由是為了促進乾燥，以及增加後續堆疊紙黏土時的附著力。

頭部（裏側）

製作頭部內芯的時間，大約耗費2～3分鐘左右。

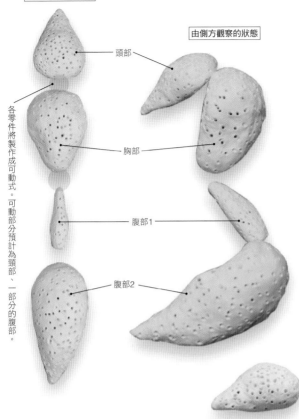

由上方觀察的狀態

頭部

由側方觀察的狀態

各零件將製作成可動式。可動部分預計為頸部、一部分的腹部。

胸部

腹部1

腹部2

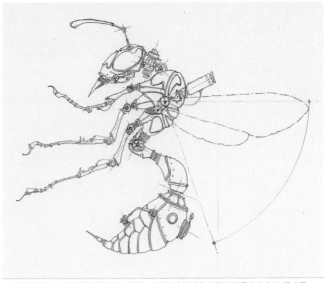

▲更詳細的泥壺蜂素描（請參考31頁）。設計成機械化外觀的可看之處為吻部（呈筒狀突出的口部）、腳部、翅膀的基部、腹部。特別是腹部前端的尖針、產卵管等部位。翅膀的外形則是後續另行施作。

由斜側方觀察的狀態

▲天氣好的時候，白天可以自然乾燥，夜晚則以棉被乾燥器與餐具瀝水籃組合而成的器具來強制乾燥。當內芯部分完全乾燥後，就可以進入下一道工程。

● 二日後內芯已完全乾燥

水分蒸發後形狀有些變形，不過沒辦法，這是材料的特性，後續再慢慢地重新塑形。

＊依季節不同，所需要的乾燥時間也不同。

塑形的流程

乾燥

劃出中心線

削磨

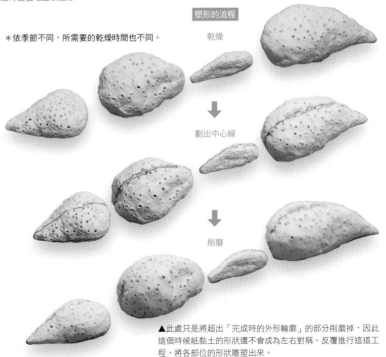

▲為了能夠將形狀正確塑形，要先抓出中心線，用鉛筆劃線標示出來。

▲以中心線為參考，使用電動刻磨機將凸出的部分磨掉，盡量讓各部位的形狀接近左右對稱。

▲此處只是將超出「完成時的外形輪廓」的部分削磨掉，因此這個時候紙黏土的形狀還不會成為左右對稱。反覆進行這道工程，將各部位的形狀雕塑出來。

② 使用紙黏土等材料堆高與削磨

用鉛筆劃線標示

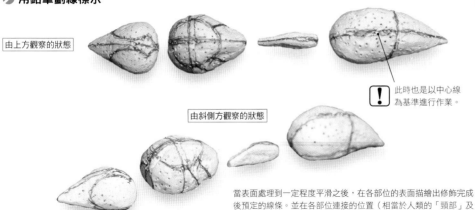

由上方觀察的狀態

由斜側方觀察的狀態

由側方觀察的狀態

連接的位置

❗ 此時也是以中心線為基準進行作業。

當表面處理到一定程度平滑之後，在各部位的表面描繪出修飾完成後預定的線條。並在各部位連接的位置（相當於人類的「頸部」及「腰部」）標示出大致的定位輔助線。

使用補土進行補強

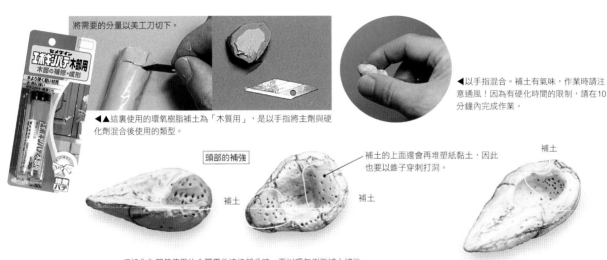

將需要的分量以美工刀切下。

◀▲這裏使用的環氧樹脂補土為「木質用」，是以手指將主劑與硬化劑混合後使用的類型。

◀以手指混合。補土有氣味，作業時請注意通風！因為有硬化時間的限制，請在10分鐘內完成作業。

頭部的補強

補土

補土

補土的上面還會再堆塑紙黏土，因此也要以錐子穿刺打洞。

補土

埋設作為關節使用的金屬零件連接部分時，要以環氧樹脂補土補強。

堆塑紙黏土

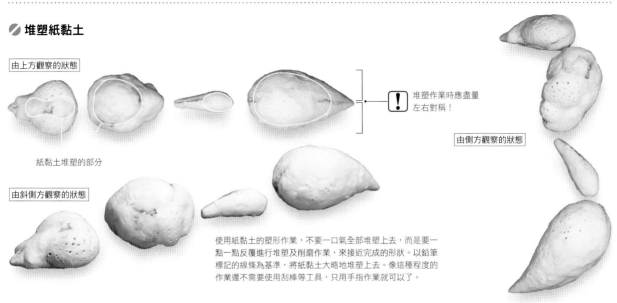

由上方觀察的狀態

❗ 堆塑作業時應盡量左右對稱！

由側方觀察的狀態

紙黏土堆塑的部分

由斜側方觀察的狀態

使用紙黏土的塑形作業，不要一口氣全部堆塑上去，而是要一點一點反覆進行堆塑及削磨作業，來接近完成的形狀。以鉛筆標記的線條為基準，將紙黏土大略地堆塑上去。像這種程度的作業還不需要使用刮棒等工具，只用手指作業就可以了。

✔ 以鉛筆將定位線條描繪出來→使用電動刻磨機削磨→再以鉛筆劃出定位線

堆塑上去的紙黏土乾燥後，再預想完成後的形狀，以鉛筆標出線條。
使用的紙黏土量少，所以乾燥後的形狀變化也比較少。要將標線定位
的作業當作是接下來工程的提示，隨時經常進行。

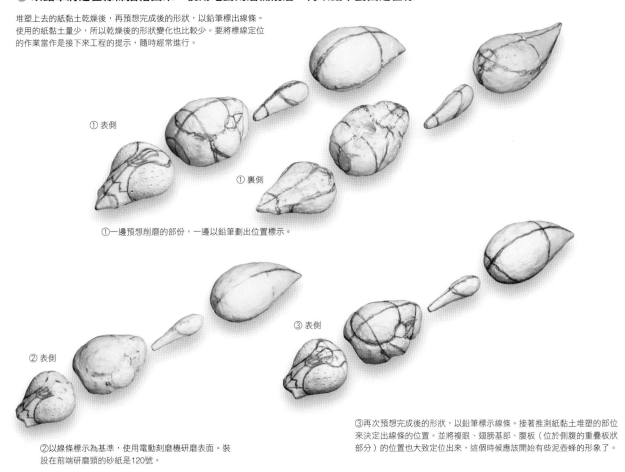

① 表側

① 裏側

①一邊預想削磨的部份，一邊以鉛筆劃出位置標示。

② 表側

③ 表側

②以線條標示為基準，使用電動刻磨機研磨表面。裝
設在前端研磨頭的砂紙是120號。

③再次預想完成後的形狀，以鉛筆標示線條。接著推測紙黏土堆塑的部位
來決定出線條的位置。並將複眼、翅膀基部、腹板（位於側腹的重疊板狀
部分）的位置也大致定位出來，這個時候應該開始有些泥壺蜂的形象了。

....

✔ 第二次的紙黏土堆塑作業

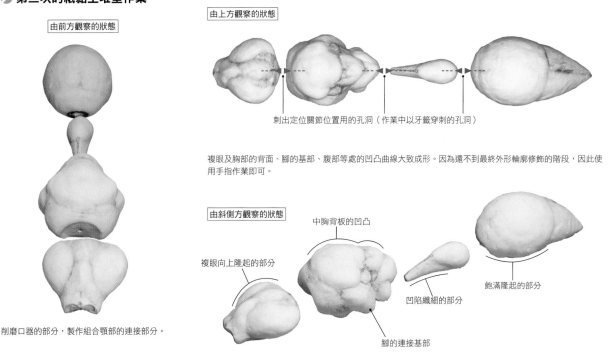

由前方觀察的狀態

由上方觀察的狀態

刺出定位關節位置用的孔洞（作業中以牙籤穿刺的孔洞）

複眼及胸部的背面、腳的基部、腹部等處的凹凸曲線大致成形。因為還不到最終外形輪廓修飾的階段，因此使
用手指作業即可。

由斜側方觀察的狀態

中胸背板的凹凸

複眼向上隆起的部分

飽滿隆起的部分

凹陷纖細的部分

腳的連接基部

削磨口器的部分，製作組合頸部的連接部分。

＊口器…指昆蟲的口部。蜜蜂的口器同時具備有咀嚼及吸吮這2種功能。

參考資料，營造出蜜蜂的獨特外形。

③ 各部位的定位標示以及組合關節部位

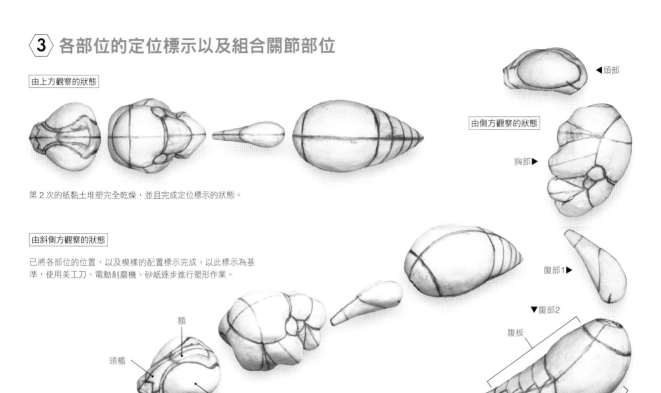

由上方觀察的狀態

第 2 次的紙黏土堆塑完全乾燥，並且完成定位標示的狀態。

由斜側方觀察的狀態

已將各部位的位置，以及模樣的配置標示完成。以此標示為基準，使用美工刀、電動刻磨機、砂紙逐步進行塑形作業。

▲頭部

由側方觀察的狀態

胸部▶

腹部1▶

▼腹部2

腹板

背板

額

頭楯

複眼

由此開始要針對各部位開始塑形。分別進行黏土的堆塑、削磨，使各部位朝理想的外形接近。

🖌 塑形腹部 2 以及頭部

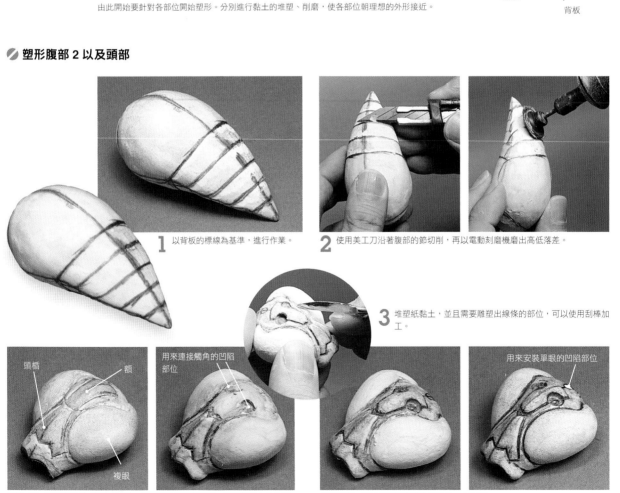

1 以背板的標線為基準，進行作業。

2 使用美工刀沿著腹部的節切削，再以電動刻磨機磨出高低落差。

3 堆塑紙黏土，並且需要雕塑出線條的部位，可以使用刮棒加工。

頭楯

額

用來連接觸角的凹陷部位

用來安裝單眼的凹陷部位

複眼

複眼、額、頭楯等部位，要分區一點一點反覆進行砂紙研磨→堆塑紙黏土的作業。

光是頭部，就已經進行這樣的作業 5～6 次了。

塑形胸部

預計連接腳部的位置，以紙黏土堆塑。腳的位置在胸部，一共有6隻（三對），腳的基部（基節）要與胸部一體化成形。

安裝墊圈的方法

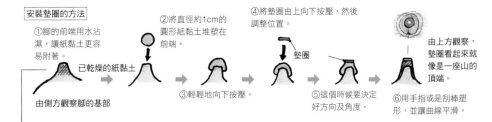

①腳的前端用水沾濕，讓紙黏土更容易附著。

已乾燥的紙黏土

由側方觀察腳的基部

②將直徑約1cm的圓形紙黏土堆塑在前端。

③輕輕地向下按壓。

④將墊圈由上向下按壓，然後調整位置。

墊圈

⑤這個時候要決定好方向及角度。

⑥用手指或是刮棒塑形，並讓曲線平滑。

由上方觀察，墊圈看起來就像是一座山的頂端。

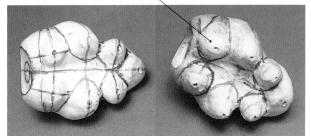

▲這裏同樣不要一口氣堆足黏土，而要分成幾次作業。

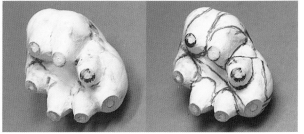

▲前端部分使用SUS M3（不銹鋼製3mm螺絲用）墊圈來代替直尺加工塑形。

組合關節部位

預先製作連接胸部與腹部的關節。

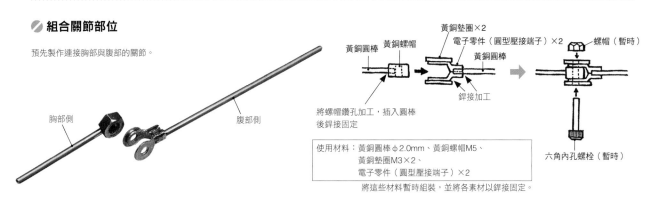

胸部側

腹部側

黃銅圓棒　黃銅螺帽

將螺帽鑽孔加工，插入圓棒後銲接固定

黃銅墊圈×2
電子零件（圓型壓接端子）×2
黃銅圓棒

銲接加工

螺帽（暫時）

六角內孔螺栓（暫時）

使用材料：黃銅圓棒φ2.0mm、黃銅螺帽M5、黃銅墊圈M3×2、電子零件（圓型壓接端子）×2

將這些材料暫時組裝，並將各素材以銲接固定。

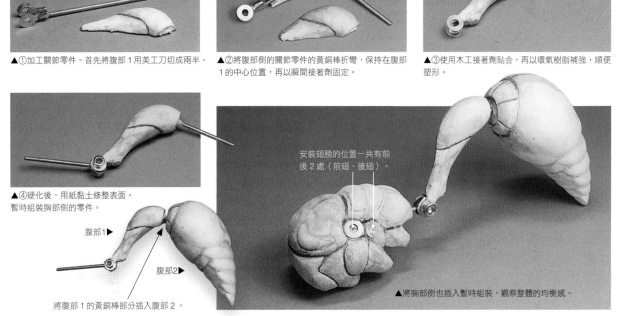

▲①加工關節零件。首先將腹部1用美工刀切成兩半。

▲②將腹部側的關節零件的黃銅棒折彎，保持在腹部1的中心位置，再以瞬間接著劑固定。

▲③使用木工接著劑貼合，再以環氧樹脂補強，順便塑形。

▲④硬化後，用紙黏土修整表面。暫時組裝胸部側的零件。

腹部1▶

腹部2

將腹部1的黃銅棒部分插入腹部2。

安裝翅膀的位置一共有前後2處（前翅、後翅）。

▲將胸部側也插入暫時組裝，觀察整體的均衡感。

④ 製作關節並確認是否可動

製作頸部關節

1 希望讓頭部可以左右、上下活動,因此製作出可以 2 個方向旋轉的關節。

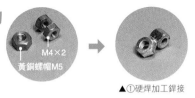

▲①硬焊加工銲接

黃銅螺帽M5
M4×2

φ2.0mm黃銅圓棒 ── 黃銅螺帽M4

②銲接加工連接

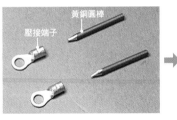

黃銅圓棒
壓接端子

▲③銲接加工連接

胸部側
頭部側

▲④配置各部位零件。

天

▲⑤將各部位零件以螺栓、螺帽暫時組裝起來。

六角內孔螺栓(圓柱頭螺栓)

▲⑥頸部關節的零件完成了。

將頭部及胸部暫時組裝

2 以頸部關節連接頭與胸部,試著暫時組裝看看。

此時要將胸部中央的孔洞填平,然後另外鑽 2 個關節零件用的孔洞。將關節的圓棒按壓在胸部上,並在凹痕的位置以精密手鑽(φ2.0mm)加工鑽出孔洞。

配合活動關節的形狀(設計上的考量,加上不讓其可以扭轉),胸部側的圓棒有 2 根。

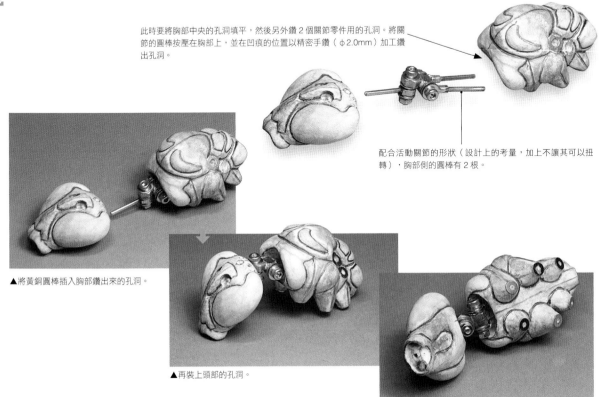

▲將黃銅圓棒插入胸部鑽來的孔洞。

▲再裝上頭部的孔洞。

▲由裏側觀察到的頸部關節狀態。

在腹部 2 製作開口部分

1 使用美工刀在一部分的腹板刻出切口,然後將要製作成蓋板的部分取下。蓋板形狀稍有變形也無妨。沿著要取下部位的周圍輪廓(紅線),以美工刀一刀一刀插進去,只要繞個 2～3 圈就可以輕易取下。

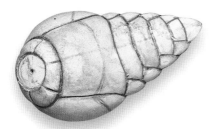

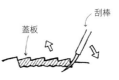

美工刀的前進方向 ⇨

▲①一刀一刀刻出切口。

蓋板　　刮棒

▲②將刮棒之類的工具插入切口,運用槓桿原理將蓋子部分向上翹起。

錐子

▲③將錐子刺入蓋板中央,自腹部提起拉開。

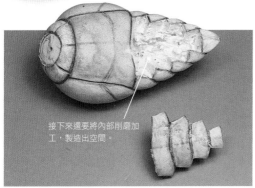

接下來還要將內部削磨加工,製造出空間。

2 將蓋板取下後的狀態。變形的部分可以再填補紙黏土修復。將蓋板放回原來位置後,進行下一道作業。

這是將金屬棒暫時穿過高螺帽(長的六角螺帽)的零件。後續要將其取下。

3 製作用來開關蓋板的鉸鏈安裝部分。決定好位置後,將該部分的紙黏土削磨加工,再以瞬間接著劑將高螺帽 M2 固定,堆上環氧樹脂補土補強。由於左右兩側分別安裝作業的關係,注意軸心不要偏移,以圓棒穿過後定位出中心線。

4 用環氧樹脂補土將高螺帽埋入,再以紙黏土對周圍塑形。

這個作業中主要使用的刻磨機研磨頭套件。

▲使用電動刻磨機進行加工。如此可以加快如鑽孔挖洞等作業的效率。

配合加工的形狀,更換前端的研磨頭套件。

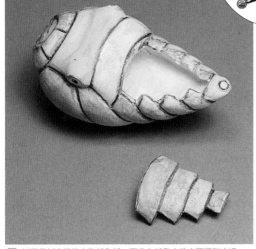

5 以電動刻磨機挖空腹部內部,再堆上紙黏土將表面塑形光滑。

前端是要安裝蜂針的部位,因此要使用墊片塑形,製作出蜂針基部的外形。

6 蓋上腹部蓋板後的狀態。後續紙黏土的堆塑、削磨加工作業都要在蓋板閉合的狀態下進行。在後續填土時若不小心封住蓋板也不要緊,只要再切刻後取下即可。

製作Point的摘要精華

先用紙黏土塑形內芯，乾燥後再堆土塑形出本體的形狀。
重覆以鉛筆劃線標示定位，再用砂紙研磨的作業，一邊再堆土修飾，逐步將泥壺蜂的外形雕塑出來。

課程複習　由側方觀察的狀態

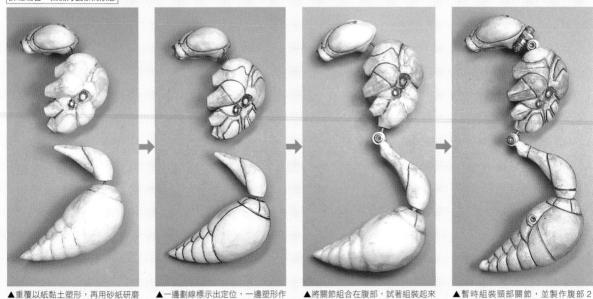

▲重覆以紙黏土塑形，再用砂紙研磨的作業。

▲一邊劃線標示出定位，一邊塑形作業。

▲將關節組合在腹部，試著組裝起來看看。

▲暫時組裝頸部關節，並製作腹部2的開口部分。

⟨5⟩ 幾乎完成的狀態…本體塑形完成

由上方觀察的狀態

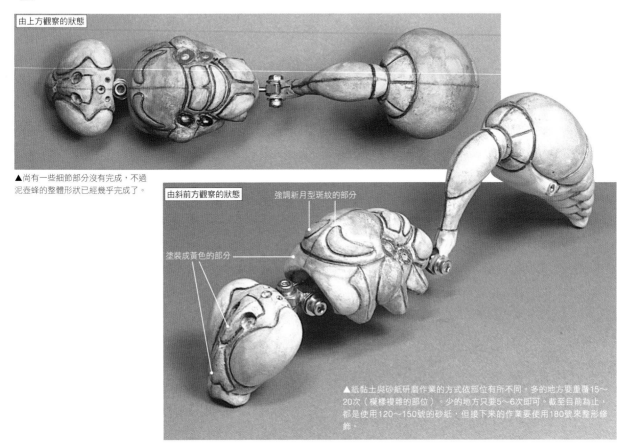

▲尚有一些細節部分沒有完成，不過泥壺蜂的整體形狀已經幾乎完成了。

由斜前方觀察的狀態

強調新月型斑紋的部分

塗裝成黃色的部分

▲紙黏土與砂紙研磨作業的方式依部位有所不同。多的地方要重覆15～20次（模樣複雜的部位）。少的地方只要5～6次即可。截至目前為止，都是使用120～150號的砂紙，但接下來的作業要使用180號來整形修飾。

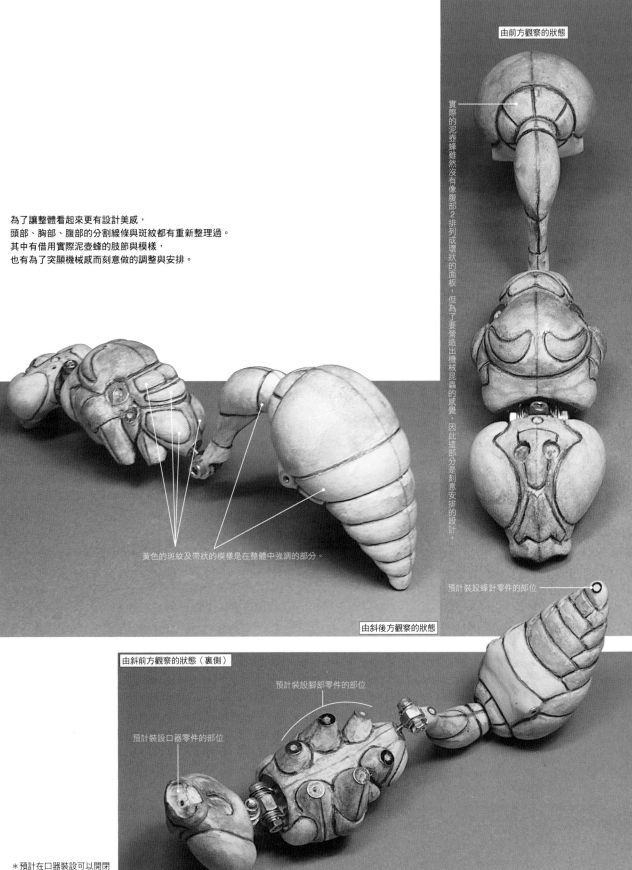

為了讓整體看起來更有設計美感，
頭部、胸部、腹部的分割線條與斑紋都有重新整理過。
其中有借用實際泥壺蜂的肢節與模樣，
也有為了突顯機械感而刻意做的調整與安排。

由前方觀察的狀態

實際的泥壺蜂雖然沒有像腹部2排列成環狀的面板，但為了要營造出機械昆蟲的感覺，因此這部分是刻意安排的設計。

黃色的斑紋及帶狀的模樣是在整體中強調的部分。

預計裝設蜂針零件的部位

由斜後方觀察的狀態

由斜前方觀察的狀態（裏側）

預計裝設腳部零件的部位

預計裝設口器零件的部位

＊預計在口器裝設可以開閉
的大顎。昆蟲的大顎部分也
稱為上腮。以下則統一稱為
大顎。

接下來要前進到塗裝作業前要進行的「底層處理」工程。

21

底層處理

直接在紙黏土上不好塗裝作業，因此先要施加「底層」處理。

① 液態石膏打底加上砂紙研磨

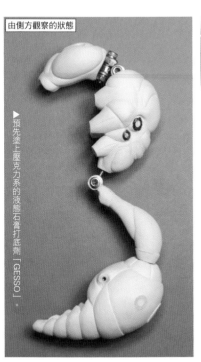

由側方觀察的狀態

▶預先塗上壓克力系的液態石膏打底劑「GESSO」。

為了不留下筆刷的痕跡，將打底劑以水稀釋後，快速在身體零件重覆塗布2～3次，乾燥後再使用砂紙（180～240號）修整表面。

▲GESSO

▲塗布2～3次以水稀釋後的打底劑。

▲以砂紙研磨

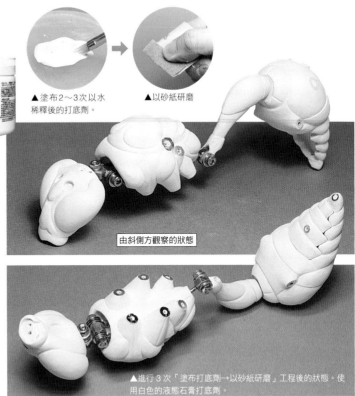

由斜側方觀察的狀態

▲進行3次「塗布打底劑→以砂紙研磨」工程後的狀態。使用白色的液態石膏打底劑。

② 噴塗灰色模型底漆，再以砂紙研磨

由側方觀察的狀態

▶這裏使用的是製作模型用的「Mr. SURFACER 500」。

相較於「塗上打底劑→以砂紙研磨」完成時的狀態，還有一些希望能處理得更加光滑的部位，因此要再針對表面進行修飾加工。

底漆也不要塗得太厚，只要輕輕地噴塗2～3次，乾燥後以砂紙（320～400號）修整表面。

▲Mr. SURFACER 500（GSI CREOS）

◀以砂紙研磨
＊將砂紙裁成5cm四方會比較容易作業。

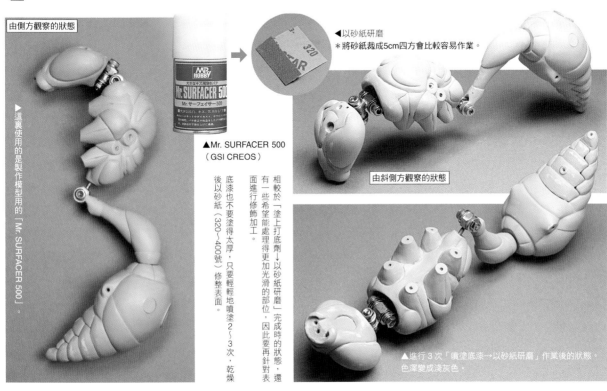

由斜側方觀察的狀態

▲進行3次「噴塗底漆→以砂紙研磨」作業後的狀態。色澤變成淺灰色。

③ 覆蓋白色模型底漆後，以砂紙研磨

由側方觀察的狀態

▲使用的型號是「Mr. BASE WHITE 1000」。

▲以砂紙研磨

▲Mr. BASE WHITE 1000（GSI CREOS）

同樣以預計塗裝成黃色部分為中心，輕輕噴塗 2 次即可。

泥壺蜂身上的模樣，主要是由黑色與黃色構成。然而明度高的黃色若是直接塗裝在灰色的模型底漆上，會顯得色澤暗沉。為了要減輕這樣的狀況，可以預先塗上一層白色模型底漆。

插在牙籤上面再塗布

▲將各部位零件插在牙籤上面，修飾完成時，最後再噴塗在預計塗裝成黃色斑紋的部分。

④ 塗布表面粗糙化的部分，再以砂紙研磨

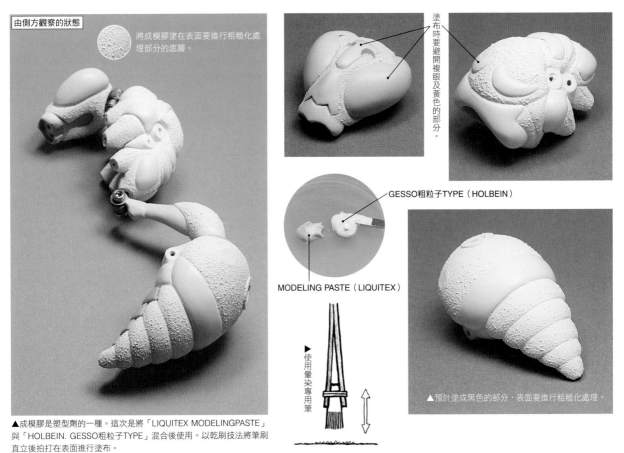

由側方觀察的狀態

將成模膠塗在表面要進行粗糙化處理部分的底層。

塗布時要避開複眼及黃色的部分。

GESSO粗粒子TYPE（HOLBEIN）

MODELING PASTE（LIQUITEX）

▶使用量染專用筆

▲成模膠是塑型劑的一種。這次是將「LIQUITEX MODELINGPASTE」與「HOLBEIN. GESSO粗粒子TYPE」混合後使用。以乾刷技法將筆刷直立後拍打在表面進行塗布。

▲預計塗成黑色的部分，表面要進行粗糙化處理。

▲將筆刷上下咚咚地拍打，使塗料沾附在表面。

將牙籤插入各部位當做把手使用。

以金屬夾夾住牙籤立起來，會讓作業更為方便。

▲各部位都以白色模型底漆噴塗，完成底層處理後的狀態。

塗裝

泥壺蜂本體的顏色要以黃色→金屬色→黑色的順序進行塗裝。基本上先塗裝淡色再塗裝深色，但如果是不容易進行塗裝作業的部位，或是考量製作流程的方便性，也會有塗裝順序相反的例外部分。

① 底塗⋯白色瓷漆

為了讓黃色的顯色更佳，在底層的白色模型底漆上，還要使用白色的瓷漆再進行一次底塗。以預計黃色塗裝的部位為中心，輕輕噴塗2次即可。

塗料 使用Mr. COLOR SPRAY S1 WHITE（GSI CREOS）

距離5～10cm

噴塗時適當轉動各部位零件，調整至塗布平均。

▲噴漆罐距離塗裝表面5～10cm，一邊左右移動一邊輕輕噴塗。

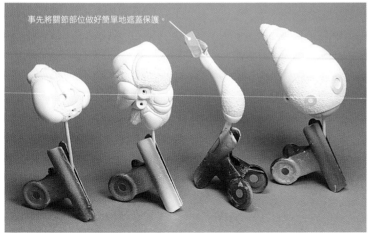

事先將關節部位做好簡單地遮蓋保護。

▲再度使用金屬夾將各部位立起來。

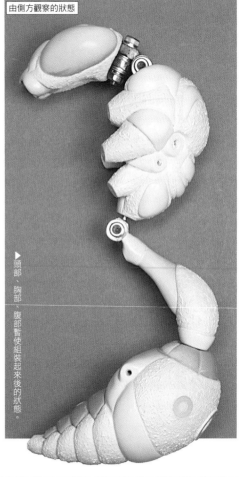

由側方觀察的狀態

▶頭部、胸部、腹部暫使組裝起來後的狀態。

② 中塗

由黃色瓷漆開始塗裝

以白色塗裝相同的要領進行黃色塗裝。一口氣噴塗無法呈現出漂亮的黃色，因此要重覆塗裝→乾燥的步驟3次，慢慢地加深顏色。

! 請避免一口氣就想要厚塗完工。重覆薄薄地噴塗3～4次，塗料就不會出現向下垂流的狀況，外觀看起來更加理想。

塗料

使用Mr. COLOR SPRAY S4 YELLOW（GSI CREOS）

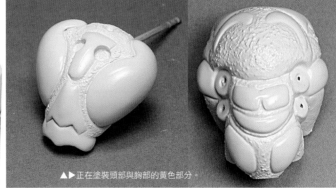

▲▶正在塗裝頭部與胸部的黃色部分。

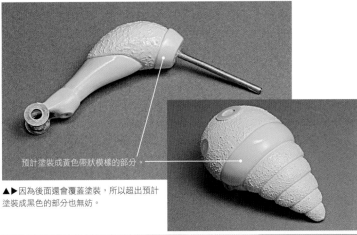

預計塗裝成黃色帶狀模樣的部分。

▲▶因為後面還會覆蓋塗裝，所以超出預計
塗裝成黑色的部分也無妨。

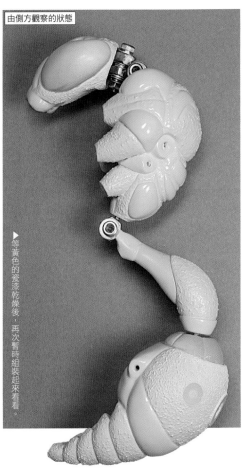

由側方觀察的狀態

▶等黃色的琺瑯漆乾燥後，再次暫時組裝起來看看。

▲頭部的複眼之間預計塗布成黃色斑紋，因此要由頭頂部位開始上色。

💿 接下來要塗布金屬色

塗料

▲混合市面上販售的金屬色塗料，調出自創的色調。

◀①銀色系塗裝以Mr. COLOR C8（銀）與C28（黑鐵色）調整比例後調色使用。

▲②使用平筆進行塗裝。

▲①銅色系使用Mr. METAL COLOR MC215（銅色）。

▲②使用吹風機作業可以加快乾燥的時間，提升作業效率。

以筆刷塗布想要呈現金屬色的部分。筆者的作品以機械風格的裝飾為特徵，因此會大量使用金屬色。但市面上販售的金屬色種類有限，因此筆者都會將其中幾種金屬色混合調配，事先準備好幾種自己常用的色調。作業時一邊想像完成後的顏色，再從中選用理想的色調塗布在各部位零件上。

◀腹部 2 的腹板（開口部的蓋板）

▲頭部的大顎裏側。

▲胸部的腳基內側。

▲腹部 1 的關節周遭。

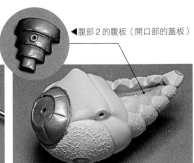

▲腹部 2 與腹部 1 的連接部分。

③ 面塗…使用油漆噴槍噴塗陰影

使用油漆噴槍來施以「暈染及漸層」的塗裝表現手法。在有高低落差或是顏色的邊界位置，以較深一個色階的顏色塗布，可以強調出立體感，此即為「噴塗陰影」的技法。

塗料

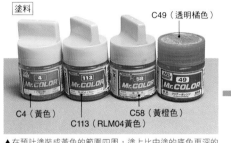

C49（透明橘色）

C4（黃色）
C113（RLM04黃色）
C58（黃橙色）

▲在預計塗裝成黃色的範圍四周，塗上比中塗的底色更深的顏色。使用Mr. COLOR系列的4種顏色。

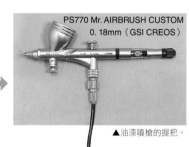

PS770 Mr. AIRBRUSH CUSTOM 0. 18mm（GSI CREOS）

▲油漆噴槍的握把。

▲①調出心中理想的顏色。

▲②一邊與底色的黃色（參考24頁）比對，一邊調整色調。

▶③加入稀釋液將塗度的濃度調淡。

▲④充分攪拌均勻。

▲⑤將塗料倒入油漆噴槍的塗料杯中。

噴塗黃橙色系的陰影

▲①一邊試著噴塗，一邊調整塗料的濃度和空氣的壓力。

▲②如果是在室內進行油漆噴槍的塗裝作業，請配戴口罩並注意換氣。

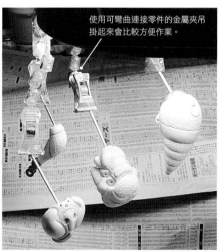

使用可彎曲連接零件的金屬夾吊掛起來會比較方便作業。

▲③讓零件乾燥。

噴塗影陰後的各部位零件

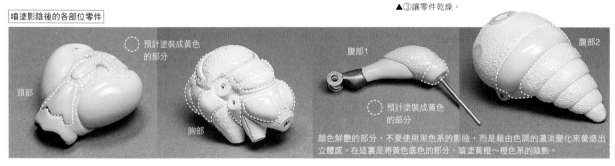

預計塗裝成黃色的部分

頭部

胸部

腹部1

腹部2

預計塗裝成黃色的部分

顏色鮮艷的部分，不要使用黑色系的影陰，而是藉由色調的濃淡變化來營造出立體感。在這裏是將黃色底色的部分，噴塗黃橙～橙色系的陰影。

銀色部分使用黑色系塗料噴塗陰影

為了要讓外觀呈現金屬板接合的感覺，因此要將線條如同陰影般做強調塗裝。

▲①使用將Mr. COLOR C28（黑鐵色）與少量C2（黑）混合後的塗料。

▲②先在紙上試噴塗來調整色調。

▲③在邊界線的部分加上陰影效果。

....

銅色部分使用黑色系塗料噴塗陰影

塗料

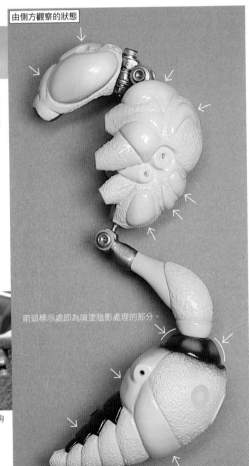

由側方觀察的狀態

▲使用將Mr. METAL COLOR C215（銅）與C2（黑）混合後的塗料。這個色調的使用量很大，可以事先準備好調合比例不同（銅色比例較多的調色，與黑色較多的調色）的2種塗料。

◀①這次使用的是黑色比例較多的「濃色調」銅色。以稀釋液進行調整。

箭頭標示處即為噴塗陰影處理的部分。

▲②塗裝面距離油漆噴槍噴嘴前端約2～3cm左右。

▲③將噴塗的空氣壓力調低，讓塗裝時能夠噴塗出細線條。

▲④不斷重覆噴塗作業，慢慢地將顏色加深。

▲⑤在腹部2的開口部蓋板加上陰影處理後的狀態。

▲當「噴塗陰影處理部分」完全乾燥，暫時組裝起來後的狀態。

④ 面塗的後續步驟…使用油漆噴槍塗裝偏光性塗料

使用MAZIORA變色塗料塗裝頭部的複眼。偏光性塗料會因為觀察的角度與光線的方向不同而呈現不同的色彩。這次使用的是Mr. COLOR. MAZIORA（安朵美達），色相會由金屬光澤的藍綠色變化為紫色。

Mr. COLOR. MAZIORA

ZEST的MAZIORA COLOR（安朵美達Ⅱ）

＊Mr. COLOR的MAZIORA現在已經停產，所以試著改用ZEST的MAZIORA COLOR（安朵美達Ⅱ）。顯色雖然藍色較強，綠色較弱，但偏向的感覺是相同的。

◀◀遮蓋膠帶
雖有各種不同寬度型號，不過只要裁切下來使用，不管是任何寬度或彎曲角度都可以自由黏貼。

要注意膠帶重疊的部分會比較容易翹起來。

▲將膠帶裁短一些，沿著彎曲角度重疊黏貼的遮蓋方法。

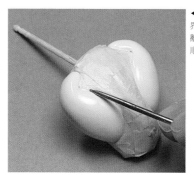

◀將複眼以外的部分都遮蓋起來。膠帶不需要完全緊貼著邊界線也無妨，只要黃色的部分不會被塗料沾到即可，稍微偏離邊界線也不用太在意。不過若是膠帶有縫隙的話，塗料會順著縫隙流入，因此務必要讓膠帶貼牢。

▶貼完遮蓋膠帶保護後的狀態。

🔘 底層與塗料與透明保護漆重疊塗布

底層的黑色

▲①使用噴漆罐預先塗裝黑色部分。

偏光性塗料＋透明漆

▶②複眼的塗裝希望呈現出表面光滑的感覺，因此使用油漆噴槍塗裝。然後再使用噴漆罐噴塗透明漆來做修飾，營造出光澤感。因為光線的關係，照片上只看得出藍綠色，不過只要方向一改變，顏色就會變成紫色。

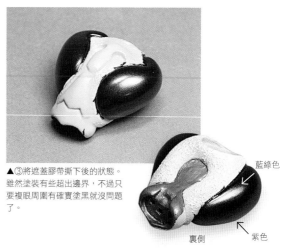

▲③將遮蓋膠帶撕下後的狀態。雖然塗裝有些超出邊界，不過只要複眼周圍有確實塗黑就沒問題了。

藍綠色

裏側

紫色

進入各部位零件製作工程後，複眼的邊界線會用銲錫線貼邊修飾。所以就算有些沒有塗布完全的區段，後續也會獲得解決，所以不需要太在意。

不同的底色會營造出不同的色彩變化…珍珠漆塗料

透過不同的使用方法，珍珠漆塗料也能夠營造出金屬質感效果。將珍珠漆塗在白色之類的淡色系上，角度變化時就會呈現出閃爍光芒；但如果是塗在深色系（如黑色）上，就會呈現出明顯的金屬光澤。蠑螈（參考3頁、148頁）的後翅使用紫水晶色塗裝。因為是塗裝在沒有底色的描圖紙上，只要背景的顏色不同，看起來就會呈現出不同的顏色。所以珍珠漆是一種塗布底層的底色不同，完成後的色調就會跟著變化的有趣塗料。

Mr. CRYSTAL COLOR（GSI CREOS）

⑤ 面塗的最後修飾

泥壺蜂本體的黑色部分要預先用壓克力系列顏料的打底劑塗裝。

▲使用細畫筆塗布，小心不要超過與黃色部分的邊界。

🔸 使用筆刷塗布黑色液態石膏打底劑

※HOLBEIN及LIQUITEX的黑色液態石膏打底劑，兩者都會使用到。

▲用金屬夾夾住牙籤，以這樣的狀態直接放至乾燥。

由側方觀察的狀態

使用筆塗的各部位零件

▲由斜前方觀察的狀態…頭

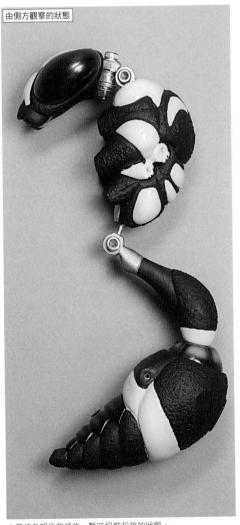

▲由上方觀察的狀態…胸部

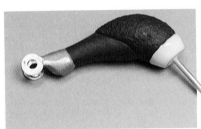

▲由側方觀察的狀態…腹部 1

▲由斜後方觀察的狀態…腹部 2

▲等待各部位乾燥後，暫時組裝起來的狀態。

使用黑色液態石膏打底劑塗黑後，再將修飾用色調塗布上去。

29

以黑色系顏料重覆塗布

使用黑色液態石膏打底劑塗布黑後，再分別使用油漆噴槍及筆刷將修飾用色彩塗布上去。如果只使用黑色單一色彩的話，整個塗裝看起來會過於平面沒有深度。因此要使用Mr. COLOR C2（黑）混合一些C42（桃花心木色）來塗裝。首先以上述色調的塗料塗布整體後，再用調色成深黑色的「影陰色」來塗裝陰影效果，強調出立體感。

▲①使用遮蓋膠帶保護黃色部分，不要被黑色塗料沾上。

▲②沿著邊界線使用油漆噴槍噴塗時，先以錐子的前端按壓遮蓋膠帶使其密貼在表面上，以免塗料滲入底部。

▲③胸部的遮蓋狀態。依照油漆噴槍噴塗的方向而定，有時候邊界線的遮蓋作業很簡單就完成了。

▲④調色出所需要的塗料。使用Mr. COLOR（GSI CREOS）的C2（黑色）及C42（桃花心木色）。

▲⑤使用稀釋液調整。和27頁一樣，使用油漆噴槍噴塗。

▲⑥腹部2使用「黑色＋桃花心木色」塗裝。

在分成數段的腹板、背板的凸部以「黑色＋桃花心木色」塗裝。

▶⑦使用「陰影色」重覆塗裝後的狀態。

在凹部使用黑色調合比例較高的「陰影色」塗裝，強調出凹凸感。

噴塗透明保護漆後完成製作

暫時組裝

由前方觀察的狀態

由斜前方觀察的狀態

由側方觀察的狀態

由斜後方觀察的狀態

噴塗透明保護漆，完成泥壺蜂的本體塗裝作業。乾燥後，暫時
組裝。塗裝上色後比較容易想像得出製作完成後的狀態。

描繪原寸大的側面圖

由此開始進入頭部、胸部、腹部以及其他各部位零件的製作步驟。首先，為了要決定翅膀和腳部
的尺寸，先要描繪出原寸大的整體側面圖。雖說是設計圖面，但只要是能夠確認整體的均衡感即
可，因此一邊觀察暫時組裝後的實物，一邊以徒手直接繪製。

翅膀部分的翅脈等形狀，大多是參考圖鑑或是由網路上收集到的
資料描繪。這次因為手邊剛好有泥壺蜂的標本，因此是將標本拍
照後放大照片來作為參考。最後圖面上的翅膀設計成較實際略長
（調整得較細）的形狀。

腳部的設計要考慮到與後續步驟製作的「蜂巢」之間的組合方式，並且觀察翅
膀與體長的均衡來決定長度尺寸。與其說是依照實際的泥壺蜂的尺寸比例計算
製作，倒不如說是更加重視立體作品的整體均衡感。因此有些部位的形狀會施
予變形設計。

預先準備

在前段流程中，要將銲錫線與墊圈貼在分隔線與腳部、觸角等的裝設位置，加強營造出機械昆蟲的感覺。這項作業完成後，要接著製作頭部、胸部、腹部的外形特徵。

＊間隔線…各部位零件的周圍、身體的節，以及開口部等的邊界線稱為間隔線。

① 將金屬零件裝設在頭部

☑ 將銲錫線貼附在複眼周圍。

1 這裏使用的是0.8mm的銲錫線。

2 沿著複眼的外圍曲線一點一點折彎。

3 點上瞬間接著劑固定。

4 以錐子或是鑷子的前端，輕輕的按壓銲錫線，使其緊密貼合。

5 如果彎曲角度過大不好作業時，可以使用符合形狀的圓棒來折彎加工。

6 銲錫線纏繞一圈後，以美工刀裁斷。

7 將切口做平滑處理。

8 接下來還要使用較細的銲錫線貼在內側，將外側的輪廓線更加強調出來。

在觸角的基部貼上纏繞成圈的銲錫線

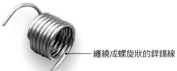

纏繞成螺旋狀的銲錫線

線圈的製作方式

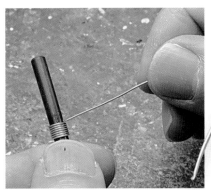

▲①使用直徑尺寸相近的電動鑽頭根部，就能將線材輕易加工成圓形。將銲錫線纏繞於其上。

▲②裁切的時候要裁切成環狀。

▲③預先製作一些外形成圈的間隔線。

1 使用鑷子將線圈裝設在觸角的基部。

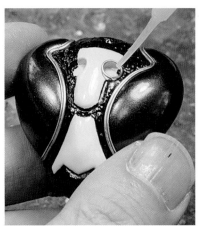

2 點上瞬間接著劑固定。

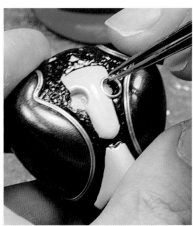

3 貼合時要緊密，不要有任何空隙。

在口器的周圍黏貼銲錫線

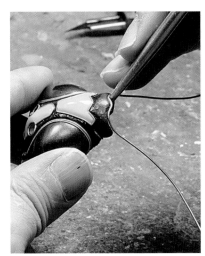

1 將銲錫線黏貼在口器的周圍，並整理外形平順。

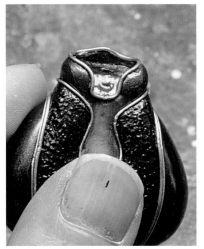

2 完成線圈貼合作業的狀態。銲錫線要先裁成適當長度後再使用。如果長度達50cm以上的話，先自線軸拉出後，再裁切使用。

3 使用塗料（Mr.COLOR）在內側塗上金屬色。

將鋼珠＋線圈貼在單眼的位置

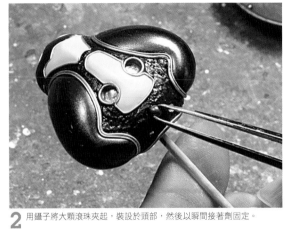

1 使用 3 個軸承滾珠（鋼珠）。大的使用Φ3mm，小的使用Φ2mm。

2 用鑷子將大顆滾珠夾起，裝設於頭部，然後以瞬間接著劑固定。

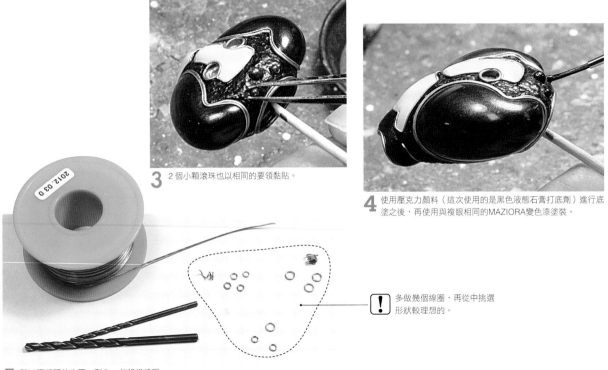

3 2 個小顆滾珠也以相同的要領黏貼。

4 使用壓克力顏料（這次使用的是黑色液態石膏打底劑）進行底塗之後，再使用與複眼相同的MAZIORA變色漆塗裝。

! 多做幾個線圈，再從中挑選形狀較理想的。

5 與33頁相同的步驟，製作一些銲錫線圈。

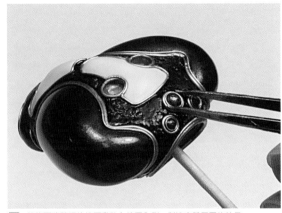

6 在單眼的外側套上線圈。

7 然後再將稍細的線圈黏貼在線圈內側，製造出雙層圈的效果。

在連接部位黏貼上銲錫線及昆蟲針

1 在間隔線的位置黏貼上銲錫線。首先要處理的是貼在連接部分的墊片周圍。

2 使用銲錫線在以油漆噴槍塗布深色的部位隔出邊線，可以更強調輪廓，營造出立體感。

3 完成在金屬板部分黏貼銲錫線後的狀態。

4 為了要在金屬板上營造出以鉚釘固定的感覺，使用錐子鑽孔，以便插入昆蟲針。

5 將昆蟲針的頂端以斜口鉗剪短，準備好所需要的數量。

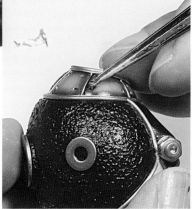

6 將剪短的昆蟲針以鑷子夾入孔洞。

7 使用瞬間接著劑固定。

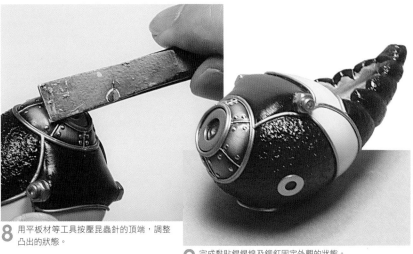

8 用平板材等工具按壓昆蟲針的頂端，調整凸出的狀態。

9 完成黏貼銲錫線及鉚釘固定外觀的狀態。

③ 將金屬零件及關節裝設於腹部 1 ～胸部

🔩 將關節組裝起來

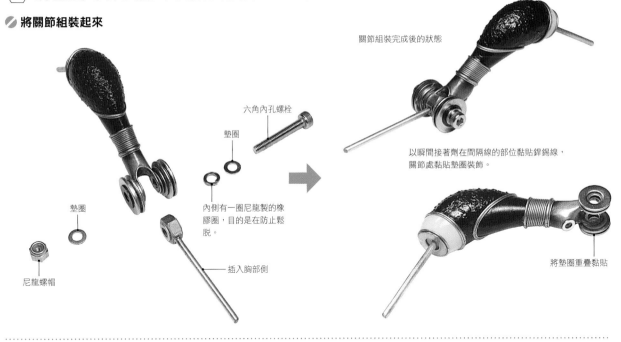

關節組裝完成後的狀態

六角內孔螺栓

墊圈

墊圈

內側有一圈尼龍製的橡膠圈,目的是在防止鬆脫。

墊圈

尼龍螺帽

插入胸部側

以瞬間接著劑在間隔線的部位黏貼銲錫線,關節處黏貼墊圈裝飾。

將墊圈重疊黏貼

🔩 黏貼墊圈與銲錫線

▶ 事先準備好不銹鋼製的墊圈。

1 在翅膀的基部點上2～3滴瞬間接著劑。

2 使用鑷子固定住墊圈。後續周圍要黏貼銲錫線裝飾,因此先處理墊圈的部分。

3 在腳的基部黏貼墊圈。

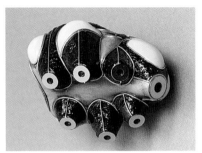

▲依位置的不同,要變換銲錫線的粗細,重疊 2 道至 3 道繞線來營造出不同的變化。

▲裏側的狀態。

4 將銲錫線沿著黃色部分與腳的基部等間隔線部分黏貼。

36

將銲錫線及墊圈等黏貼完成後的狀態。

◀由裏側觀察頭部的狀態。

◀由裏側觀察腹部 2 的狀態。

由前方觀察的狀態

由斜後方觀察的狀態

由側方觀察的狀態

◀▲▼▶將到此階段為止的成品，暫時組裝後的狀態。

裏側

各部位製作

① 將大顎部分組裝至頭部

製作大顎部分

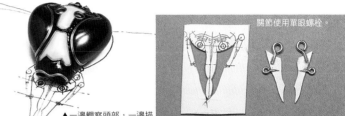

▲一邊觀察頭部，一邊描繪出原寸大的大顎正面設計圖，將尺寸定出來。

關節使用單眼螺栓。

▲①將設計圖複印在厚紙板，再用美工刀裁下來。

▲②使用環氧樹脂補土堆疊出厚度。

塗布灰色模型底漆

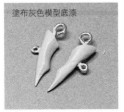

▲③使用美工刀及砂紙塑形。

▲④將單眼螺栓遮蓋保護。

▲⑤使用瓷漆（黑色）塗裝。

黏貼銲錫線

▲⑥在內側塗布金屬色（銀色）後就完成了。

在口部製作關節

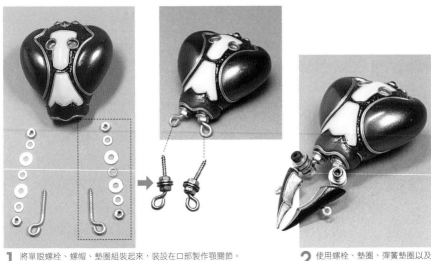

1 將單眼螺栓、螺帽、墊圈組裝起來，裝設在口部製作顎關節。

2 使用螺栓、墊圈、彈簧墊圈以及螺帽來組裝大顎。

將各電子零件的接頭端子、黃銅管、單眼螺栓以及扣眼加工處理後，再將各零件銲接固定。

預先在零件表面塗裝瓷漆

3 製作出可以讓大顎活動的連桿機構用零件。

＊連桿機構…將不可動的零件藉由複數的關節，以及可直線移動的零件，連結起來的機械機構。

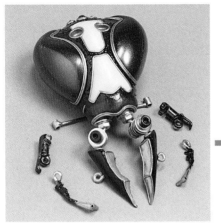

4 將零件組裝在大顎的外側。

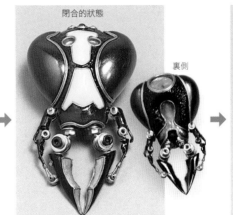

閉合的狀態

裏側

張開的狀態

製作鉸鏈零件

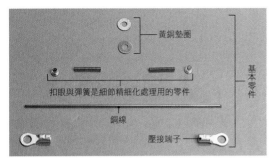

黃銅墊圈

基本零件

扣眼與彈簧是細節精細化處理用的零件

銅線

壓接端子

1 使用尖嘴鉗折彎銅線。

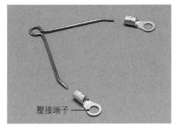

壓接端子

2 配合腹部 2 的形狀，折彎再加工後的狀態。

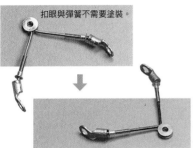

扣眼與彈簧不需要塗裝。

3 將墊圈裝設在銅線中央，兩端裝設壓接端子後以銲接固定，然後再使用瓷漆塗裝金屬色。

4 將螺栓裝設在腹部 2。

5 確認是否可以開閉。將電子零件加裝在鉸鏈上做細節精細化處理。

製作連接的部分

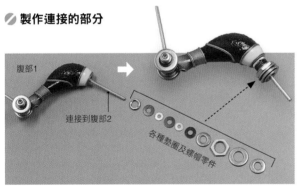

腹部1

連接到腹部2

各種墊圈及螺帽零件

1 只要讓外觀看起來像是連接兩截腹部之間的緩衝裝置即可。嘗試幾種不同的組裝模式，再選用喜歡的零件形狀。中間以黃銅棒穿過後，用瞬間接著劑固定。

各種墊圈及螺帽零件

與胸部連接

2 同樣以黃銅棒穿過各零件中間，再用瞬間接著劑固定。

3 將腹部 1 與腹部 2 組裝起來。

4 以瞬間接著劑固定。

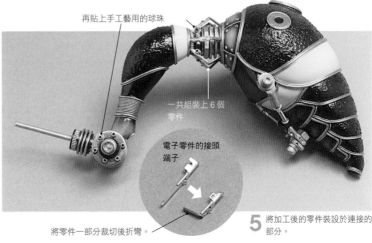

再貼上手工藝用的球珠

一共組裝上 6 個零件

電子零件的接頭端子

將零件一部分裁切後折彎。

5 將加工後的零件裝設於連接的部分。

③ 將腳的基部組裝於胸部

製作腳的基部

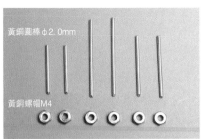

黃銅圓棒φ2.0mm

黃銅螺帽M4

1 將黃銅圓棒裁切至需要的長度，並且處理切口。

2 在螺帽上以中心衝標示出鑽孔的位置。

3 在鑽床上將螺帽鑽出孔洞。

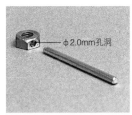

φ2.0mm孔洞

4 預先在螺帽上鑽孔，準備好材料。

＊圓棒的切口處理…以線鋸將圓棒切斷後，以裝有鑽石研磨頭的電動刻磨機將切口研磨平滑。

＊鑽床…可以在金屬等材質的正確位置鑽出孔洞的工作機械。

5 將黃銅圓棒插入螺帽，以銲接固定。使用電動刻磨機磨掉溢出的銲錫。

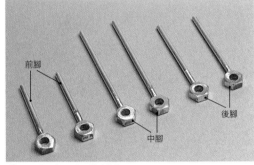

前腳

後腳

中腳

6 準備好6隻腳的零件的狀態。

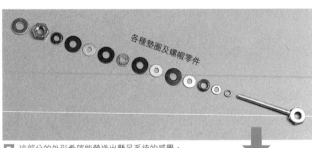

各種墊圈及螺帽零件

7 這部分的外形希望能營造出懸吊系統的感覺，因此要嘗試各種不同搭配，直到找出自己理想形狀的零件組合。

▲以黃銅圓棒穿過中心，使用瞬間接著劑固定。

8 將腳的基部零件組合完成的狀態。

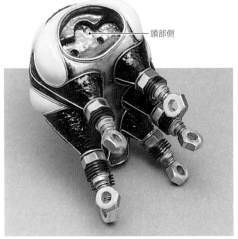

頭部側

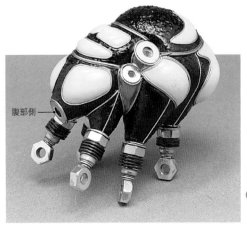

腹部側

9 試著插入胸部組裝看看。此時還只是暫時組裝階段，尚未固定。

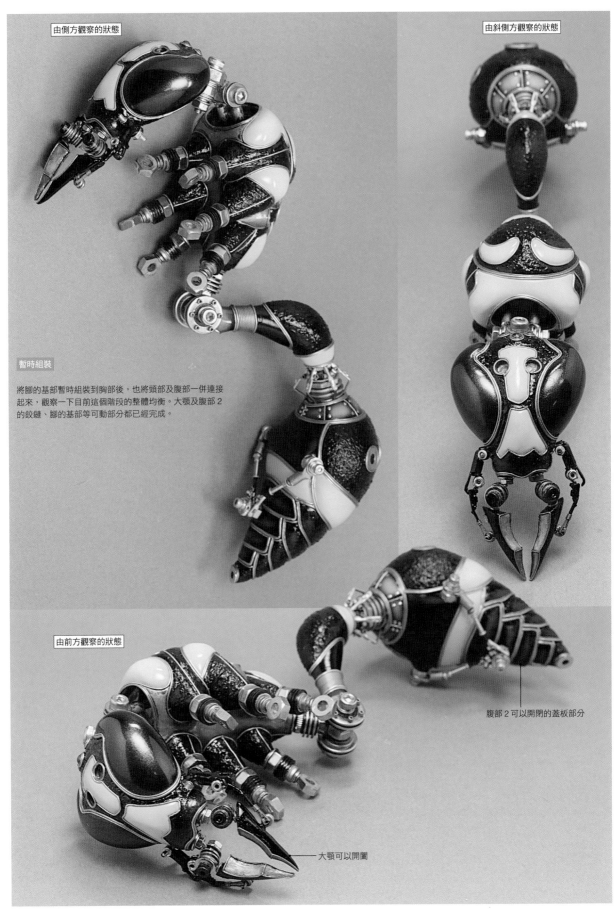

由側方觀察的狀態

由斜側方觀察的狀態

暫時組裝

將腳的基部暫時組裝到胸部後，也將頭部及腹部一併連接起來，觀察一下目前這個階段的整體均衡。大顎及腹部 2 的鉸鏈、腳的基部等可動部分都已經完成。

腹部 2 可以開閉的蓋板部分

由前方觀察的狀態

大顎可以開闔

④ 組裝腳的腿節

製作腿節

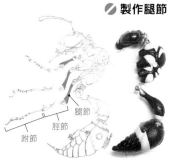

腿節
脛節
跗節

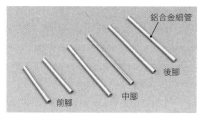

鋁合金細管
前腳　中腳　後腳

1 參考原寸大的側面圖（參考31頁），裁切所需長度的鋁合金細管。

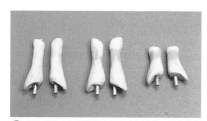

2 因為紙黏土不好附著在鋁合金細管上，因此先用環氧樹脂補土塑形，然後再堆疊上紙黏土。

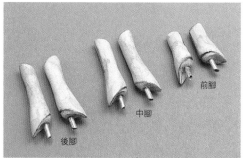

前腳
中腳
後腳

3 使用美工刀和砂紙塑形。步驟和本體的塑形工程相同。

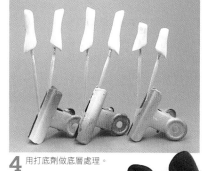

4 用打底劑做底層處理。

以銲錫線製作間隔線，內側要預先塗裝成金屬色。

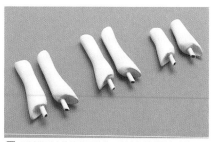

5 再以模型底漆塗裝平整後，以白色塗料進行底塗。

超出範圍的鋁合金細管要加以裁斷。

6 使用瓷漆塗裝，完成事先準備工作。

製作腿節的關節

1 裁切 6 根銅線當作芯材。

壓接端子
黃銅墊圈

2 將銅線的一端折彎成可供螺栓穿過的單眼，另一端裝設壓接端子。

3 單眼折彎完成後，將黃銅墊圈銲接固定於其上。然後再黏貼墊圈，調整長度後裁斷。

將完成銲接固定的壓接端子以瓷漆塗裝成黑色。

4 穿過銅線，另一端銲接固定壓接端子。

後腳　　中腳　　前腳

5 腿節的關節製作完成了。

● 將各部位零件組裝起來

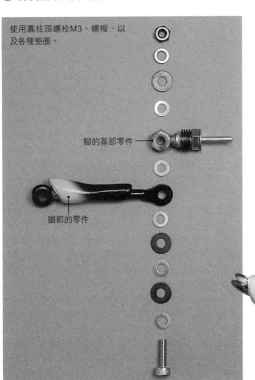

使用圓柱頭螺栓M3、螺帽、以及各種墊圈。

腳的基部零件→

腿節的零件

1 將腿節與腳的基部零件連接起來。

2 組裝完成後的狀態。昆蟲的腳雖然還細分為腿節、轉節以及基節，不過整體只要看起來像是基部的外形就可以了。

作業起來快又順手，專家愛用的瞬間接著劑

雖然會根據不同的素材，分別使用木工用接著劑、瞬間接著劑、以及２液式環氧樹脂接著劑，但考量到作業的順手性，大部分都會使用瞬間接著劑。

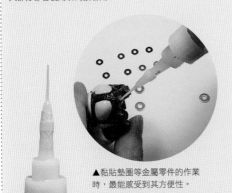

▲黏貼墊圈等金屬零件的作業時，最能感受到其方便性。

◀LOCTITE樂泰 強力瞬間接著劑 高強度金屬用 專家TYPE

將附屬的細接頭裝在前端，點２～３滴接著劑在接著面上使用。平滑表面能夠接著牢固。如果接著劑的量太多的話，硬化反應會變慢，造成周圍顏色變成白色，不過以透明瓷漆塗布其上就能使顏色消失，無需擔心。但不太適用於過小的接著面、或是會承受強力衝擊或迴旋力道的部位。

3 試著插入胸部暫時組裝的狀態。

開始製作腳之前,要先決定好頭部與胸部的比例均衡,因此先從製作頸部關節的零件開始著手。

✎ 製作胸部側零件

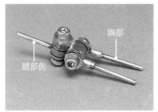

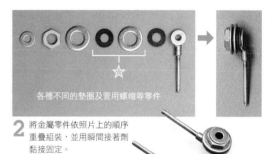

各種不同的墊圈及管用螺帽等零件

1 18頁的頸部關節只是暫時先組裝的狀態,因此要先將其分解開來,裝設墊圈及管用螺帽來增加整個部位的分量感。

2 將金屬零件依照片上的順序重疊組裝,並用瞬間接著劑黏接固定。

▲胸部側零件2根

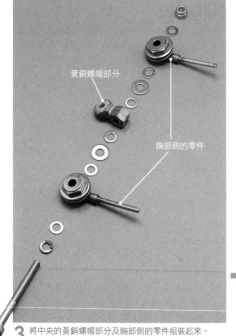

黃銅螺帽部分

胸部側的零件

3 將中央的黃銅螺帽部分及胸部側的零件組裝起來。

將頸部關節暫時組裝試試看,感覺寬幅似乎過大了,因此要加以修改。

將不銹鋼墊圈M6與黑色表面鍍鉻處理墊圈各取下1片,改稱為頸部關節B,再試著組裝確認看看縮短寬幅後的狀態。和左邊的頸部關節A比較下就看得出不同之處。

4 組裝完成後的狀態。

將★拆除。

5 將2片墊圈拆除後,再次組裝完成後的狀態。

✎ 製作頭部側零件

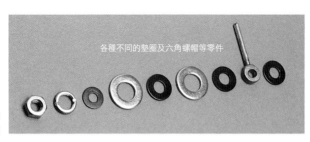

各種不同的墊圈及六角螺帽等零件

頭部側零件

1 將金屬零件依照片上的順序重疊組裝,並用瞬間接著劑黏接固定。

2 將頭部側零件及胸部側零件組裝起來。

胸部側零件

3 頸部關節組裝完成後的狀態。

4 以手工藝用的球珠及電子零件做細節精細化處理。

最終階段還會觀察整體加上更多細節處理，但在此時只要先做到這個狀態為止即可。

暫時組裝頭部及頸部關節

▲由側方觀察的狀態。

▲由上方觀察的狀態。

將胸部也一併組裝，觀察整體平衡

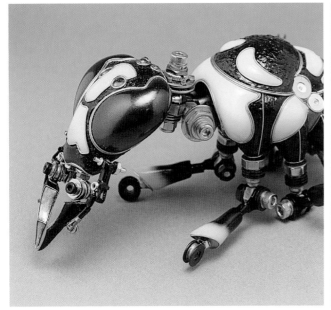

順便也確認上下左右的可動狀態。

⟨6⟩ 將腳的脛節組裝起來

接下來回到腳的製作流程。這裏要製作脛節,用來連接在42頁已製作完成腿節上。

🖊 製作脛節零件

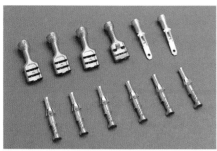

1 使用電子零件製作。將 2 種形狀不同的連接端子組合起來製作脛節。

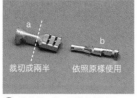

裁切成兩半　依照原樣使用

2 準備好 2 種不同的連接端子。

3 將連接端子組裝起來。

＊裁切電子零件剩下來的部分,後續在製作底座時,仍可用來當作細節精細化處理的材料使用,暫時先保留起來。

4 以銲接固定。一共要製作 6 個。

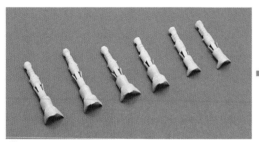

5 使用白色瓷漆進行底塗。

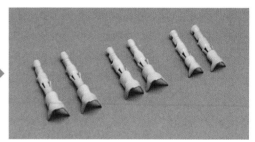

6 與泥壺蜂本體塗裝工程進行同樣著色處理的脛節部位零件。

🖊 製作脛節的關節零件

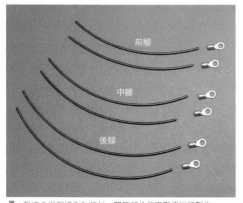

前腳

中腳

後腳

1 裁切 6 根銅線作為芯材。關節部分使用壓接端子製作。

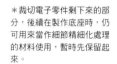

銲接用烙鐵

2 將壓接端子銲接固定在銅線的一端。

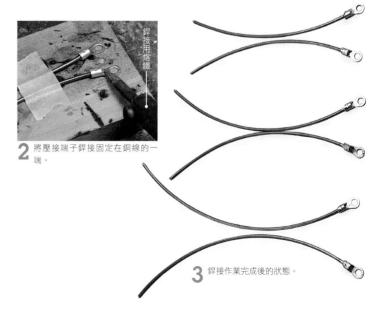

3 銲接作業完成後的狀態。

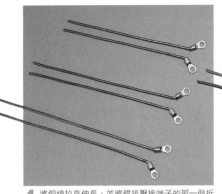

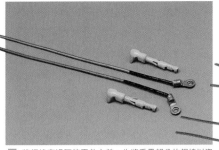

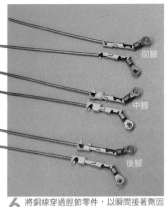

前腳

中腳

後腳

4 將銅線拉直伸長,並將銲接壓接端子的那一側折彎角度。

5 將銅線穿過脛節零件之前,先將重疊部分的銅線以瓷漆塗裝成黑色。

6 將銅線穿過脛節零件,以瞬間接著劑固定,一共製作6根。

🗩 將零件連接起來

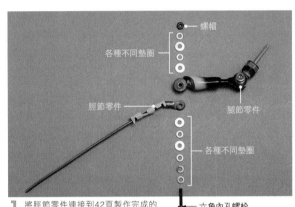

螺帽

各種不同墊圈

脛節零件

腿節零件

各種不同墊圈

1 將脛節零件連接到42頁製作完成的腿節零件上。

六角內孔螺栓
(黑色表面鍍鉻有頭螺栓)M2

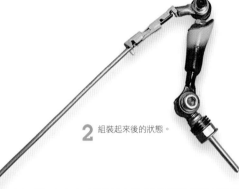

2 組裝起來後的狀態。

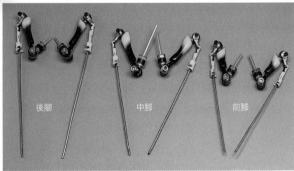

後腳   中腳   前腳

3 關節的位置非常明確,外觀看來已經相當有腳部的樣子了。

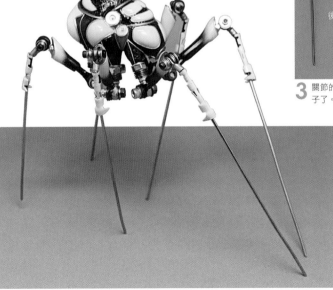

4 將腳暫時組裝在胸部的狀態。

⑦ 將腳的跗節與尖爪組裝起來

製作跗節，將其連接到46頁製作完成的脛節。首先要加工裝設在前端的尖爪。

製作尖爪

▲①使用電子零件的接頭端子與銅線。

▲②以銲接方式固定。

▲③折彎銅線，加工成尖爪的外形。

▲④將銅線前端裁斷，用砂紙整形。

製作跗節

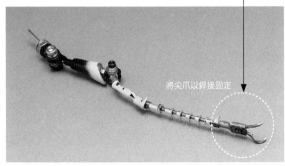
將尖爪以銲接固定

▲對47頁製作完成的腳部零件的前端進行加工。按照彈簧、鋁合金管、螺帽、扣眼的順序穿入銅線。這時候只要先以銅線穿過即可，尚未加工固定。只有前端的尖爪要用銲接固定。

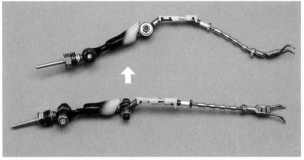
▲折彎銅線，讓外形看起來更像昆蟲的腳。照片是 2 根前腳，上面是加工完成，下面則是尚未加工的狀態。

▲腳的外形大致完成的狀態。

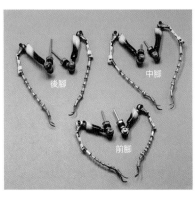
後腳　中腳　前腳

◀將腳暫時組裝在胸部。關節使用螺栓與螺帽製作，因此可以折彎改變形狀。

跗節還沒有固定，因此零件的位▶置有些偏移。

▲為了看清楚尖爪及跗節，將身體翻轉過來觀察。細節部分的加強，留待後續一邊觀察整體均衡，再一邊製作。

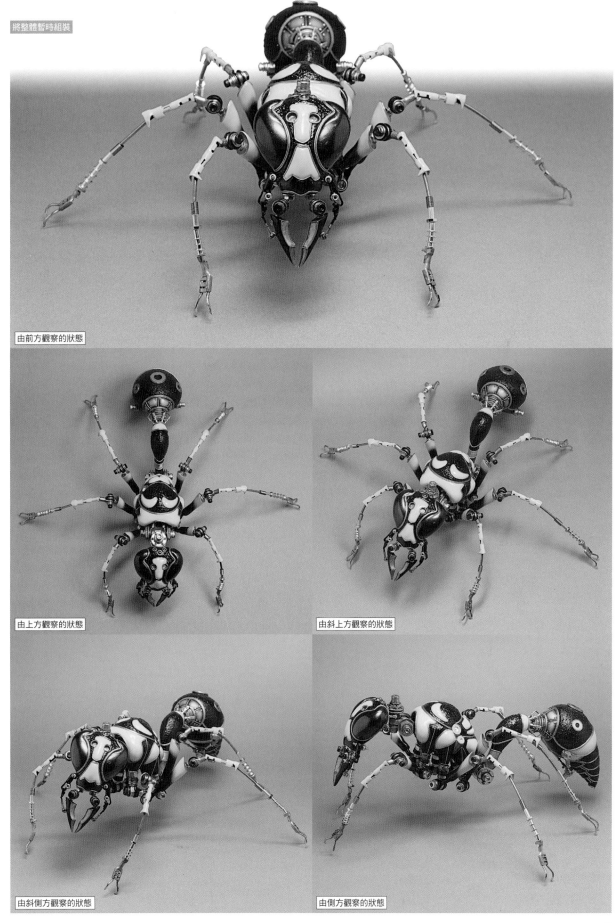

由前方觀察的狀態

由上方觀察的狀態

由斜上方觀察的狀態

由斜側方觀察的狀態

由側方觀察的狀態

⑧ 組裝翅膀的關節

製作關節的零件

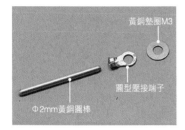

Φ2mm黃銅圓棒
圓型壓接端子
黃銅墊圈M3

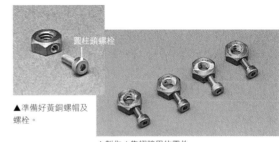

▲準備好黃銅螺帽及螺栓。

圓柱頭螺栓

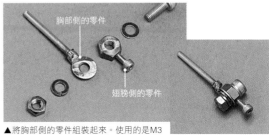

▲製作4隻翅膀用的零件。

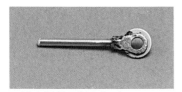

▲先將胸部側的零件以銲接固定。

絲攻握把　絲攻

▲在黃銅螺帽M4的側面以絲攻加工，用來裝設M2螺栓。

胸部側的零件
翅膀側的零件

▲將胸部側的零件組裝起來。使用的是M3規格的螺栓。

▲組合好的關節零件。

＊絲攻加工…使用絲攻工具，在孔洞的內側刻出螺紋。

暫時組裝至胸部進行調整

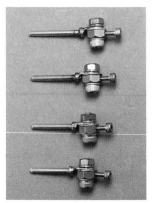

▲4隻翅膀用的關節完成了。

▲暫時組裝至胸部。關節稍微過大了，旋轉時會重疊在一起，活動起來不是很流暢。

黃銅墊圈M2
削掉邊角

將尺寸縮小一號重新製作。胸部側零件的墊圈改成M2，翅膀側零件的螺帽切削成圓形。

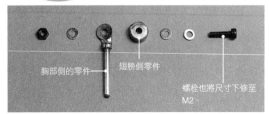

胸部側的零件
翅膀側零件
螺栓也將尺寸下修至M2。

▲準備好修改後的胸部側與翅膀側零件。

▲再次組裝起來。組裝時翅膀側的螺帽安裝位置也改到相反的位置。

▲修改後的關節零件。

▲製作4隻翅膀用的關節零件。

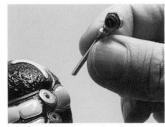

▲插入胸部的孔洞暫時組裝看看。

▲翅膀用的關節完成了。

⑨ 翅膀的加工…以鉚接固定翅脈

✏ 製作前翅的翅脈

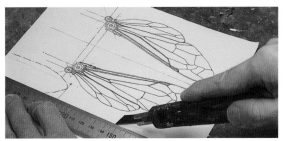

1 將31頁的設計圖反轉過來，製作左右 2 隻翅膀。

2 準備好一張翅膀設計圖的影本，用來當作底紙。製作翅脈使用 Φ1.2mm、Φ0.9mm、Φ0.5mm等 3 種尺寸的銅線，以鉚接方式固定。

> ⚠ 銅線裁切時要比所需長度再多一些。

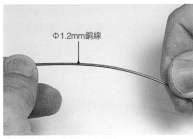

Φ1.2mm銅線

3 先製作上方的翅脈作為基準。

4 前端以電動刻磨機整形。

5 使用尖嘴鉗等工具，將銅線沿著底紙的設計圖曲線折彎。

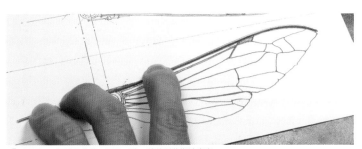

6 不要一口氣折彎曲線，而是一點一點將形狀塑造出來。

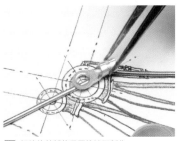

7 翅膀的基部使用壓接端子製作。

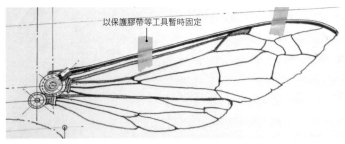

以保護膠帶等工具暫時固定

8 裁切銅線，裝設在壓接端子上。

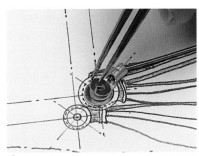

9 圓型壓接端子的孔洞直徑，與關節的螺栓尺寸並不相符，為了要彌補這個落差，使用黃銅墊圈（M2、M3）將壓接端子夾住。

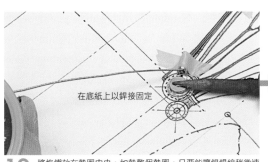

在底紙上以鉚接固定

10 將烙鐵放在墊圈中央，加熱整個墊圈。只要能讓鉚錫線稍微連接固定其上即可。

可以觀察到鉚錫熔化在整個墊圈的周圍。

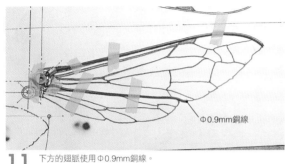

11 下方的翅脈使用Φ0.9mm銅線。

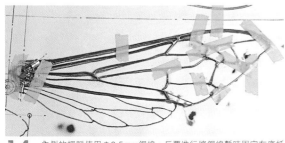

12 以尖嘴鉗一點一點折彎銅線。

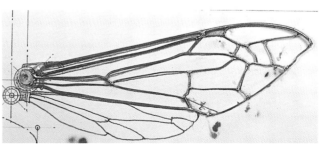

銅線的接點以銲接固定。

13 將折彎的銅線放置在底紙的相對位置，並以保護膠帶暫時固定。

14 內側的翅脈使用Φ0.5mm銅線。反覆進行將銅線暫時固定在底紙上，再以銲接方式固定接點的作業。

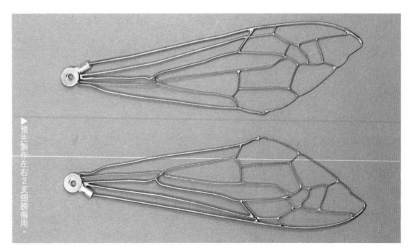

15 將膠帶拆下後的狀態。作業時在底紙下方墊一塊合板，以免烙鐵的高溫傳遞到下層。

◀ 前翅的翅脈製作完成了。

▶ 預先製作左右2支翅膀備用。

🔵 製作後翅的翅脈

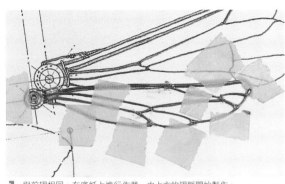

1 與前翅相同，在底紙上進行作業。由上方的翅脈開始製作。

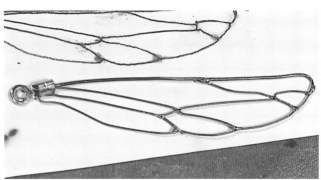

2 使用Φ0.9mm、Φ0.5mm 2種銅線製作，以銲接固定後就完成了。

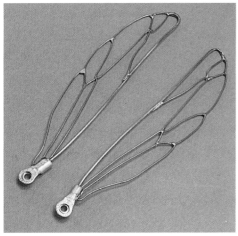

▲後翅也同樣預先製作左右 2 支翅膀備用。

▲有些位置的銲錫分量較多，因此要以電動刻磨機整形。

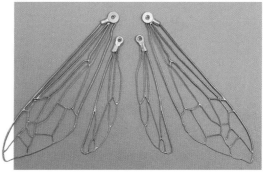

◀整形完成後的 4 支翅脈。

裝上關節後暫時組裝在胸部

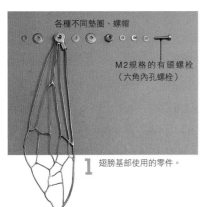

各種不同墊圈、螺帽

M2規格的有頭螺栓
（六角內孔螺栓）

1 翅膀基部使用的零件。

2 將零件穿過基部組裝起來。

3 裝設翅膀用的關節，固定在胸部。

由上方觀察的狀態

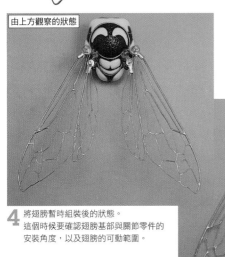

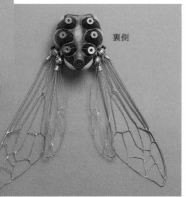

裏側

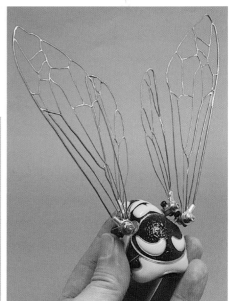

4 將翅膀暫時組裝後的狀態。
這個時候要確認翅膀基部與關節零件的
安裝角度，以及翅膀的可動範圍。

製作透明的薄膜

1 準備好Dip造型液與強化劑（噴劑）。

配合翅膀的長度，準備深度適當的容器

2 將Dip造型液倒至別的容器使用。

首先由後翅開始

操作時以反彈鑷子將翅膀基部夾住固定。

3 將整個翅膀浸泡至基部為止。

4 一邊確認薄膜在翅膀上張開的狀態，一邊快速提起翅膀。

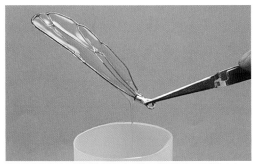

5 提起翅膀時，倒轉翅膀的方向，使Dip造型液流向基部的方向。

6 造型液會不斷地流向基部，因此要以牙籤等工具將堆積的液體拭除。

7 薄膜張開在翅膀上的狀態。

接著是前翅！

8 因為前翅的重量較重，作業時改以手指捏住固定。

9 將整個翅膀確實地浸泡至基部為止。

10 確認薄膜在翅膀上張開後，快速提起翅膀。

11 將翅膀的方向倒轉，調整至Dip造型液流向基部的角度。

12 使用牙籤等工具將堆積的造型液拭除。

13 前翅的薄膜也製作完成了。

14 放置約1個小時乾燥後，噴塗強化劑提升強度。

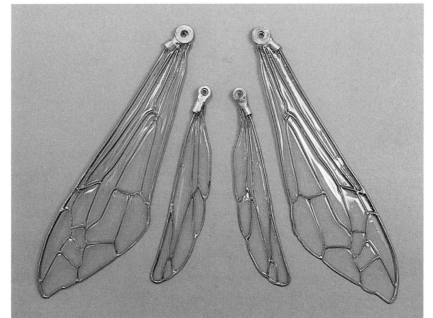

＊DIP ART…又稱為「美國人工造花」的一種使用樹脂的手工藝技法。

▲當翅膀完全乾燥後，進入塗裝作業。

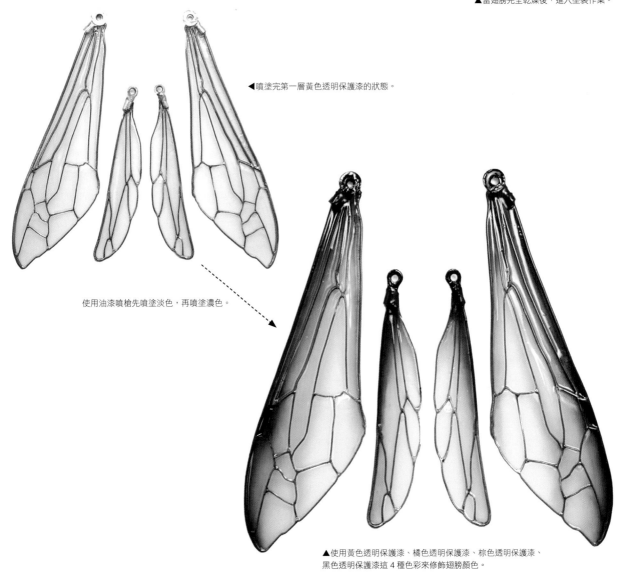

◀噴塗完第一層黃色透明保護漆的狀態。

使用油漆噴槍先噴塗淡色，再噴塗濃色。

▲使用黃色透明保護漆、橘色透明保護漆、棕色透明保護漆、黑色透明保護漆這 4 種色彩來修飾翅膀顏色。

⑪ 確認翅膀關節的固定及可動狀態

1 將50頁暫時組裝的翅膀關節固定。使用硬化時間較長的環氧樹脂接著劑,謹慎地決定角度。

2 將各種不同的墊圈穿過關節零件的軸棒,並調整插入的長度。

3 插入胸部,使用金屬用環氧樹脂接著劑固定。

4 暫時組裝翅膀,並確認動作狀況。

Y型端子 —— 墊圈　　　銅線

電容器

5 製作裝設在前翅類似「平衡器」的零件。將Y型端子與墊圈以銲錫固定,然後再將銅線插入電容器內。

6 追加墊圈等零件後,組裝起來。

7 前翅用的平衡器零件完成了。

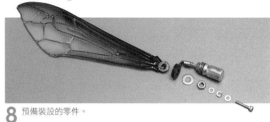

8 預備裝設的零件。

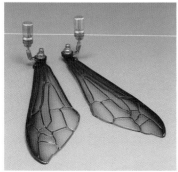

9 各種不同墊圈及螺栓。

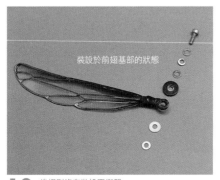

裝設於前翅基部的狀態

10 後翅則沒有裝設平衡器。

* 平衡器…用來調整引擎等裝置平衡的零件。製作時以能夠檢測出身體的傾斜以及運動的速度等的感應機構為印象。

暫時組裝

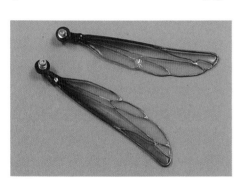

11 將10的零件安裝在後翅的狀態。

12 使用六角扳手將翅膀安裝在關節上。

13 將前後翅安裝完成後的狀態。確認可以順利安裝沒問題後,為了後續作業的方便,暫時先將翅膀拆下來。

⑫ 確認頸部關節的固定及可動狀態

暫時組裝的狀態
（參考45頁）

1 固定頸部關節。

2 安裝頸部關節的部分。

3 將各種裝飾材料安裝置入此部位。

4 試著插入頸部關節，作業時要反覆確認各種裝飾材料不會妨礙關節的動作。使用墊圈、扣眼、手工藝用圓珠等材料。

5 以金屬用環氧樹脂接著劑將頸部關節固定。

6 利用扣眼的孔洞安裝橡膠管。

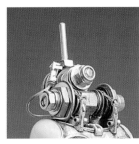

7 安裝水管等管狀材料的作業稱為配管作業。關節的內側也要進行細節精細化加工。

⑬ 組裝腹部 2 的附屬物件

🖊 製作噴嘴

使用電子零件及圓珠等小型零件來製作。外形以3D印表機的噴嘴為印象，在設定上是會由這個噴嘴吐出泥土般的物質來製作蜂巢。

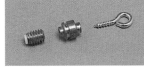

1 噴嘴前端的材料。

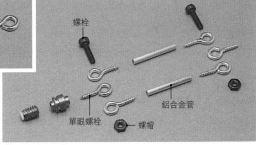

螺栓
單眼螺栓
鋁合金管
螺帽

2 準備各種零件。

腹部 2 在 39 頁已經確認過開閉狀態的。

3 加工成可以折疊的狀態。

4 折疊後的狀態。

5 暫時組裝在內部，觀察外形呈現的狀態。為了讓噴嘴伸出時看起來更有魄力，決定增加關節的數量。

6 追加工程，由3段折疊改為4段折疊。

7 結果腹內空間不夠收納，因此要以電動刻磨機再切削內壁，然後以液態石膏打底劑處理底層後重新塗裝。

8 暫時組裝再次確認。

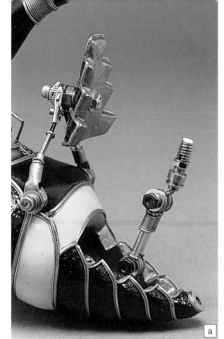

製作內側的部分

1 使用從基板拆下的零件。

2 確認外觀呈現的狀態,以及周圍的空間。

3 塗裝成金屬色。

4 裝飾細節,讓整體看起來像是由金屬材料製造的機械類裝置,並安裝至零件的內部。

5 追加裝設扣眼及圓珠,並安裝噴嘴、加上配管作業加強細節部分的呈現。

9 將噴嘴伸出的狀態(照片a),以及折疊收納的狀態(照片b)。改良成功了!

製作注射器

①塑膠管只要一邊滾動一邊用美工刀切出切口,就能輕易折斷。再用砂紙修整邊緣。

②以銲接固定延伸臂用的連接端子與墊圈,並使用鑽頭擴大墊圈內徑。

③將零件組裝起來。

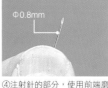

④注射針的部分,使用前端磨尖的不銹鋼管。

Φ0.8mm

⑤組裝起來。

▶⑥裝設在腹部2的前端。

⚠ 與其使用現成品的注射器,不如以另外的零件組裝製作,如此與其他部位相較之下才不會顯得突兀。

將現階段完成的各部位零件組裝起來，確認整體平衡狀態。

讓泥壺蜂試著停在製作中的展示用底座（蜂巢）上的狀態。製作方法會在第 3 章詳細解説。

▲拿在手上就像這個樣子。泥壺蜂本體約20cm。

組裝＋細節精細化處理

從這裏開始要將先前製作各部位時暫時組裝的部分以
接著劑固定，接著進行細節的精細化處理。

⚫ 進行固定

①製作腳部的細節

確認好插入方向，然後暫時先將腳部自胸部全部拆下。

▲將瞬間接著劑充填至胸部的孔洞內部，然
後再一隻一隻慎重地安裝回去。

▲將6隻腳全部安裝回去的狀態。

⚫ 進行跗節的加工

1 將瓷漆塗料（黑色）以筆塗方式塗布在前端的尖爪上。

2 使用扣眼製作的跗節，間隔調整至等距，以瞬間接著劑將其固定。

3 扣眼間的芯材（銅線部分）也使用瓷漆塗料（黑色＋銅色）以筆漆上色。

4 在尖爪部位的兩側安裝墊圈及螺帽，基部套上扣眼。

5 將電子零件及手工藝用圓珠加工後黏貼。

⚫ 對腿節與脛節的關節進行加工

脛節

腿節

▲關節周圍的細節也進行精細加工。

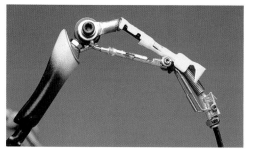

▲安裝加工後的各種電子零件等金屬零件。

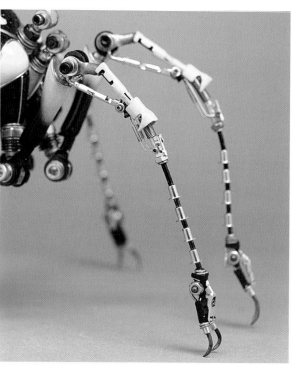

▲將6隻腳安裝完成後的狀態。

✏️ 對轉節與腿節進行加工

1 準備好電子零件、圓珠、彈簧、扣眼等零件。

2 組裝起來。

以藉由驅動器帶動關節活動的印象進行製作。

＊驅動器…將能量轉變成為物理性運動的裝置。

3 使用鑷子夾起零件，移至轉節裏側的設置場所。

4 以先將接著劑「點」在接著部位，然後再將零件放置其上的感覺進行作業。

扣眼

5 將扣眼接著在關節的螺帽部分。

6 將橡膠管裁剪成需要的長度。

7 將橡膠管插入零件內。

8 只要讓外觀看起來像是以油壓運作的驅動器就OK了。

在秋葉原之類的電子零件賣場或是網路商店，都可以用便宜的價格買到電子零件，建議各位可以考慮使用看看。

✏️ 對基節進行加工

裁剪
切削
折彎

1 將電晶體的一部分切削加工，然後裁剪針腳，再用鉗子折彎。

2 將基節安裝在腳的基部。

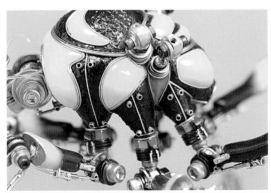

3 將圓珠黏貼在胸部的基節周圍，營造出外裝面板是以鉚釘固定的感覺。

4 將6隻腳的細部零件都安裝完成的狀態。由各個不同方向觀察，確認整體的均衡感。如果覺得細節裝飾不足的話，就追加裝飾，反之如果裝飾過多就刪除一些。

黏貼各種材料

1 黏貼手工藝用圓珠，營造出鉚釘固定的感覺。

2 以墊圈、螺帽、圓珠製作警告號誌。

3 使用錐子預先鑽出孔洞。

4 在開口部的蓋板上黏貼裁剪下來的昆蟲針的頂端。

5 將面板裝飾成像是由鉚釘固定的感覺。

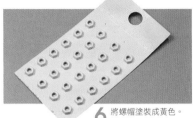

6 將螺帽塗裝成黃色。

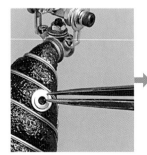

7 各種零件重疊後，將左右2處接著固定。

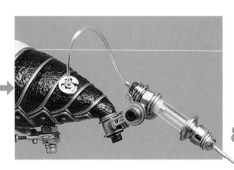

以重型機車加油口的印象製作

8 製作連接注射器的橡膠管插入口。

製作儀錶計器

O型環（自來水管的密封環）

墊圈 →

白色塑膠板

1 準備材料。

2 配合O型環的尺寸，使用圓形尺在白色塑膠板上刻線標記。

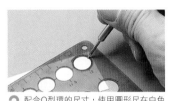

3 使用剪刀裁下。

4 使用轉印貼紙製作出儀錶刻度。

5 將塑膠板與O型環重疊…。

6 然後再黏貼在墊圈上。

7 接著將銲錫線黏貼在外圈裝飾。儀錶計器就完成了。

＊刻線標記…使材料表面損傷的劃線標記。

8 黏貼在腹部上側。

9 將儀錶計器黏粘完成的狀態。

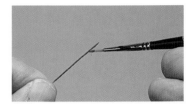

10 使用昆蟲針製作儀錶的指針。以不透明壓克力顏料塗成紅色,再用鉗子裁切成需要的長度。

11 貼上指針,並將周圍的金屬零件安裝上去。

12 也將腹部內側的蓋板用鉸鏈裝飾更多精細化的細節處理。

精密手鑽

13 在腹部1的前端鑽開用來裝設橡膠管的孔洞。

將腹部固定在胸部上

將瞬間接著劑充填在胸部的連接用孔洞中,再將腹部的黃銅棒插入。

▲插入的時候要一邊確認好方向,一邊迅速且謹慎地作業。

▶將腹部安裝在胸部之後的狀態。

安裝在13鑽開的孔洞位置的橡膠管。

▲腹部的中央也使用各種零件製作精細化的細節裝飾。

③ 製作口器的細節

⭘ 製作舌部

1 在中心的舌部位置以精密手鑽鑽出一個孔洞。

2 使用墊圈、螺帽等零件製作基部的連接處。

鋁合金管　彈簧

黃銅管材
（塗裝成銀色系列的顏色）

3 準備零件。

使用黃銅管材來代替不銹鋼管材。前端要磨成銳角。

4 將舌部零件插入孔洞。

＊因手邊沒有不銹鋼管材，於是將黃銅管材塗上所需要的銀色來加以活用。

▲將金屬材料裝設於舌部的基部周圍的狀態。

▲將電子零件、墊圈、螺帽、彈簧、扣眼等零件組合後安裝在頭部，營造出分量感。

⭘ 製作小顎等部位

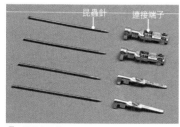

昆蟲針　　連接端子

1 準備好零件。

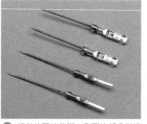

2 將針的頂端裁斷，剩下的部分與連接端子以銲接固定。

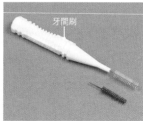

牙間刷

3 將前端拔下後進行塗裝。

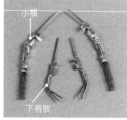

小顎

下唇肢

4 組合好的口器零件。

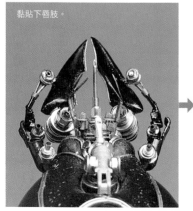

黏貼下唇肢。

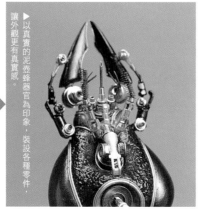

▶以真實的泥壺蜂器官為印象，裝設各種零件，讓外觀更有真實感。

由側方觀察的狀態

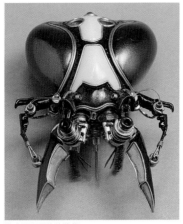

配管作業用的插入孔洞

安裝頭部關節用的孔洞

大顎的內側也要裝設各種金屬零件。

將大顎張開後的狀態。

！ 細節精細化處理的訣竅

是否有追加細節部位的零件，對於整體氣氛便會呈現完全不一樣的感覺，因此要觀察整體均衡，盡量增加分量感。追加零件時，心裏要去想像零件的活動方向，以及可動範圍。另外也要事先加工連接橡膠管及彈簧等配管作業時要用到的插入孔洞等，做好將頭部裝設在胸部後要進行的細節精細化處理準備工作。

④ 製作翅膀的細節

1 將零件準備好後組裝起來。

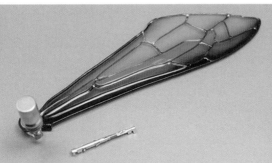

2 將基部要使用的零件放在前翅旁邊比對，確認尺寸。

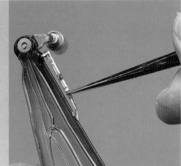

3 沿著翅膀邊緣加工零件的端點，以瞬間接著劑黏貼。

4 使用橡膠管進行配管作業，並追加其他素材的零件。

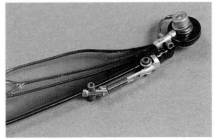

5 後翅也同樣將零件黏貼其上。

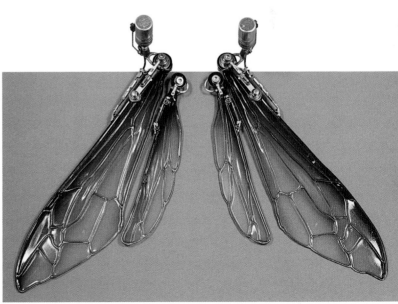

6 翅膀完成了。一邊考慮翅膀裝設在胸部時的可動範圍，並注意不要妨礙到翅膀彼此之間的運作，一邊進行細節精細化處理。

⟨5⟩ 製作觸角的細節

1 將彈簧鋼線剪斷，用尖嘴鉗折彎成形。

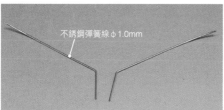
不銹鋼彈簧線φ1.0mm
2 配合頭部的尺寸，調整角度與長度。

3 以精密手鑽在觸角插入孔的位置鑽出插入用的孔洞。

4 插入彈簧鋼線，調整孔洞的深度。

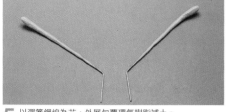
5 以彈簧鋼線為芯，外層包覆環氧樹脂補土。

6 使用砂紙塑形。

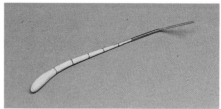
7 將觸角節的位置抓出來。

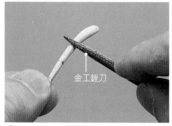
金工銼刀
8 沿著觸角節，削磨出一道道溝痕。

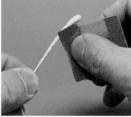
9 以砂紙研磨表面平整。

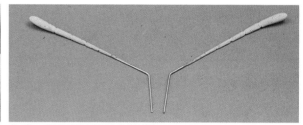
10 環氧樹脂補土塑形完成後的狀態。

11 底層處理好後，噴塗灰色模型底漆。

12 使用更細緻的砂紙研磨表面平整後，以瓷漆進行底塗。

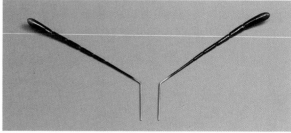
13 使用油漆噴槍修飾塗裝出漸層色的感覺。

連接端子
14 製作觸角基部的零件。

15 配合觸角的角度折彎。

16 以瓷漆噴罐進行塗裝。

17 以油漆噴槍進行修飾塗裝。

將內徑稍微撐大一些。

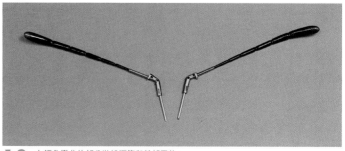
18 在觸角彎曲的部分裝設彈簧與基部零件。

> ⚠ 與本體塗裝的要領相同，塗裝黃色等明度與彩度都很高的顏色時，很容易受到底色的影響，因此先塗上白色，顯色會更佳。

組裝至完成

如果觸角插入時會覺得太鬆，角度過於容易轉動的話，可以在孔洞的內部填充一些接著劑，讓內徑變得小一點。

希望觸角能夠活動（迴旋轉動），因此只要插入頭部即可，不需要接著固定。

🟠 將各部位組裝起來

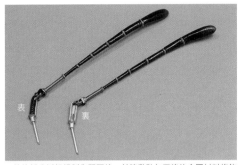

表　裏

▲節的部分以銲錫製作間隔線，並將黏貼加工後的金屬材料修飾的觸角裝設在頭部。

▲觸角裝設完成後的頭部。

將頭部插入 →

▲這個部位也希望能夠迴轉活動，因此不用接著劑固定。

橡膠管

▲進行頭部與胸部相連的配管作業。

▲內側也以彈簧進行配管作業。

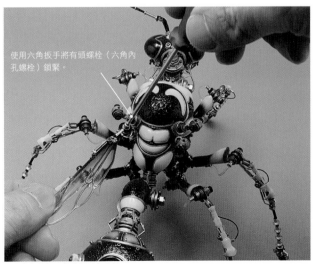

使用六角扳手將有頭螺栓（六角內孔螺栓）鎖緊。

▲先裝上後翅，然後再固定前翅。

▼試著活動翅膀，確認彼此之間不會造成妨礙。

✏ 本體製作完成了

由斜前方觀察的狀態

由前方觀察的狀態

由斜側方觀察的狀態

組裝各部位的時候，順便進行細節精細化處理，最後將翅膀之類的零件固定後即完成。腳部的設計可以在設置場景時，用來鉤住在第 3 章將要製作的展示用底座。

由側方觀察的狀態

為了要呈現出麻醉液供應源不絕的感覺，以橡膠管連接注射器。

由上方觀察的狀態

翅膀張開的狀態

由斜後方觀察的狀態

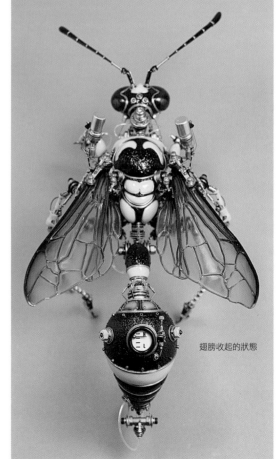

翅膀收起的狀態

▲帝王泥壺蜂的部分特寫。表現時特別強調胸部特徵的黃色斑紋。

▲將自製的轉印貼紙不留餘白裁切下來。

▲製作作品序號時,先將字母轉印到透明轉印貼紙底紙。

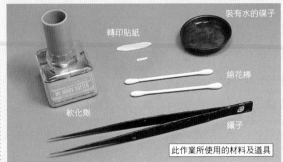

此作業所使用的材料及道具

裝有水的碟子

轉印貼紙

綿花棒

軟化劑

鑷子

▲將轉印貼紙以水沾濕後,將底紙橫移抽開黏貼。

▲使用綿花棒在文字上來回滾動,讓紙與本體密合。

▲塗布軟化劑,使表面變得柔軟,緊貼於曲面。

我在作品上會用轉印貼紙標記出作者簽名以及按照製作順序來編排作品的序號。黏貼轉印貼紙後,為了縮短乾燥時間,可以用吹風機來吹乾水分。乾燥後,薄薄地噴塗2~3次透明瓷漆來保護表面。

這隻泥壺蜂為了飼育下一代而要外出狩獵。照片左邊的毛蟲就是用來塞進蜂巢裏的食物(尺蠖蛾的幼蟲)。製作方法會在136頁做解說。

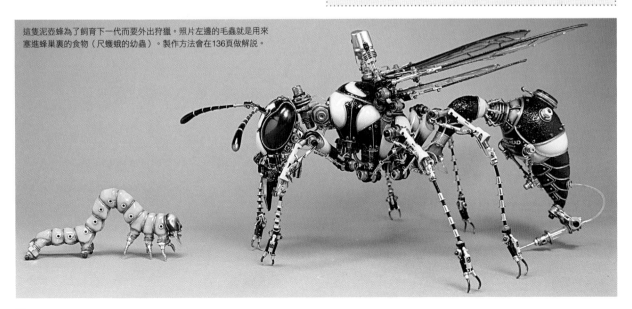

2

第2章　**由複製品開始製作
的原創作品**

………… 7種不同金龜子的製作方法
（量產品的製作流程）

當我們預定製作數個相同形狀的昆蟲時，可以使用複製本體的方法製作。
以紙黏土製作原型甲蟲本體的方法，與帝王泥壺蜂的製作方法相同。不過後續要增
加一道使用矽膠模來將原型「翻模」的作業。只要將樹脂灌入模具，就能複製出相
同的形狀。我們可以利用這個複製出來的樹脂素體，衍生製作出各式各樣風格饒富
變化的作品。
只要改變一下塗裝或是細節精細化的方法，不管是傳統的造形或者是變異的形態，
表現的手法多到數不盡。後面也會為各位解說變化腳的長度，或是將數個素體組合
在一起的應用作品。

本章要製作 7 種不同類型的金龜子翻模作品。在具體開始製作之前，首先要為各
位詳細介紹，只要熟記下來以後會非常方便運用的翻模製作流程步驟。

各式各樣不同種類的
幻想世界金龜子

▲這次要製作的 7 種不同類型金龜子翻模作品。

vol.01 Mazeran-1

vol.06 Trapezium-2

vol.05 Gold-pilot green

1. 〔jewelry scarabs〕寶石聖甲蟲
2. W40×L65×H25mm
3. 2001/SH-0108, 0110, 0112, 0141, 0142, 0143

這是以棲息於中南美高地的寶石聖甲蟲為設計原
型的作品。金屬光澤的表現手法使用與帝王泥壺
蜂的複眼相同的偏光性塗料及金屬色塗料。如果
想要呈現出平滑表面的質感，可以用噴漆罐或油
漆噴槍進行塗裝，若再以透明保護漆做完工修飾
則更佳。

vol.08 Silver

vol.07 Yellow-green

vol.03 Seyfert

-Red-spotted Masu beetle-

-Chinese mitten crab beetle-

-Rainbow trout beetle-

-Tiger beetle-

-Red-crowned crane beetle-

-Zebra beetle-

-Arabesque beetle-

-Japanese spider crab beetle-

-Longnose filefish beetle-

1. 〔Mutant Beetles〕變種金龜子
2. L75～85mm
3. 2006, 2007/SH-0617, 0618, 0619, 0620, 0621, 0622, 0623, 0747, 0748
4. photo：Johnny Murakoshi

這是將各種不同生物的樣貌，設計製作成金龜子外形的作品。以壓克力顏料等繪材，將魚類、甲殼類、哺乳類等具備明顯特徵的模樣，色彩鮮明地呈現出來。

由原型翻模到量產製作為止

▲以紙黏土塑形本體。暫時先裝上眼睛,以便定出各部位的位置。

▲以灰色模型底漆修整表面後的翻模用原型。

首先要製作用來複製的原型。依照製作帝王泥壺蜂時的步驟,以紙黏土製作金龜子本體的原型。使用液態石膏打底劑進行底層處理,再以灰色模型底漆修整表面。接著就以此為原型進行翻模作業。

＊也請事先準備隱藏式湯口用的塑膠四角棒及塑膠板。

① 開始製作表側（背側）的翻模模具

這裏我們選擇以表側（背側）與裏側（腹側）分別翻模的「雙面翻模法」製作。也就是將矽膠模具分割成兩半的方法來製作。並且採用灌注時材料（樹脂）氣泡較容易排出的「隱藏式湯口（Under gate）」模具設計。

使用的材料及工具
ⓐ塑膠板、ⓑ布膠帶、ⓒ金龜子原型、ⓓ油土（鋪在下層用來吸收油土多餘油分的影印紙也一併準備）、ⓔ方形金屬托盤（不銹鋼方盤）

❗ 因為塑膠板要重複利用,所以使用容易撕下的布膠帶比較方便。這次也是使用已經重複利用過數次的塑膠板,有些地方已經產生變色了。

🖊 放妥原型,以油土包埋

1 使用膠帶黏貼塑膠板邊緣,組合成一個方框。

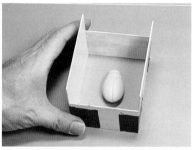

2 覆蓋在原型上,確認大小。使用樹脂注型時的隱藏式湯口通道需要一定範圍的空間,因此要確保有足夠寬裕的空間。

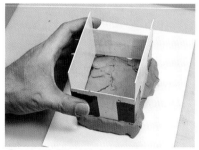

3 以方框為基準,製作油土的隔板。

4 將油土攤平桿開至比方框更大的面積。

5 將方框按壓在油土上,留下方框外形的痕跡。

6 使用刮刀等工具切除外側的油土。

7 將原型及隱藏式湯口用的塑膠四角棒放置於油土上,並調整位置。

8 暫時將原型放置成樹脂會由腹部流向頭部的方向。然後將塑膠四角棒向下按壓至一半埋在油土內。

9 將原型也按壓在油土上，留下壓痕。

10 將留有痕跡的油土以刮棒等工具挖出，再將原型埋入。

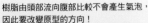

樹脂由頭部流向腹部比較不會產生氣泡，因此要改變原型的方向！

11 分模線要設定在比背側與腹側的交界線稍微偏向背側的位置。

[!] 埋設原型時，要注意油土面的位置，就是兩塊模具組合起來時的「分模線」。

12 原型與油土之間的空隙，要使用刮棒仔細地填滿。

14 塑膠板也要稍微埋進油土。上圖是與原型、隱藏式湯口一起設置的狀態。

13 隱藏式湯口與原型相連接的部分要使用塑膠板。將外形裁切成容易流動的形狀，放置在油土上。

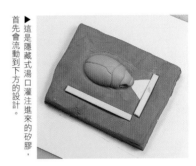

▶ 這是隱藏式湯口灌注進來的矽膠，首先會流動到下方的設計。

....

🍥 套上塑膠板方框，製作定縫銷釘用的孔洞

1 套上塑膠板方框。

2 將方框與油土的間隙填滿。

3 矽膠在流動時，有可能會滿溢外洩，因此填充空隙時要小心處理。

4 使用前端是圓形的棒材，製作定縫銷釘用的孔洞。

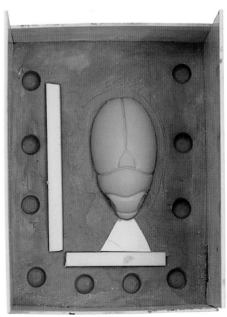

5 這是要讓2塊矽膠模具的接合面不會形成錯位的設計，因此不需要加工成太深的孔洞。

塗布離型劑

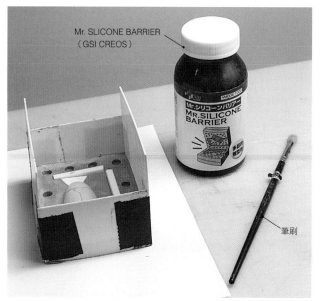

Mr. SLICONE BARRIER
（GSI CREOS）

筆刷

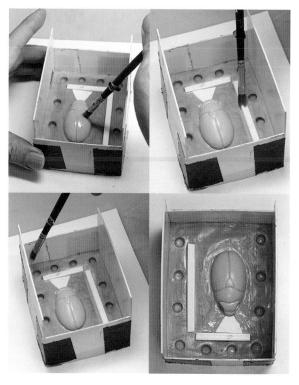

塗布離型劑，以便讓倒入模具的矽膠脫模時容易分離。原型、隱藏式湯口、黏土、方框內壁都要塗布。

混合調配矽膠

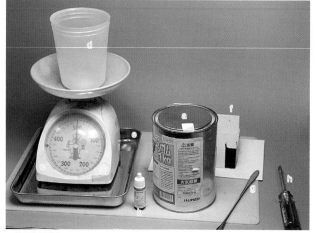

▲使用的材料與工具
矽膠（ a 主劑＋ b 硬化劑）、 c 磅秤（廚房料理秤）、 d 量杯、 e 方形金屬托盤（不銹鋼方盤）、 f 已埋入原型的型框、 g 攪拌棒、 h （一字）螺絲起子（用來打開矽膠容器罐封蓋）

1 量測型框的寬度×深度×高度的容積尺寸，求出所需要的矽膠量。這次一共需要150cc。

＊按照矽膠主劑的重量計算出指定比例的硬化劑需要量。

2 將主劑倒入量杯後，秤重。

3 按照主劑的重量，計算出硬化劑的需要量，倒入量杯。

4 充分攪拌至顏色均勻為止。

5 將矽膠倒入型框前的準備工作完成了。

76

倒入矽膠

1 首先將沾黏在攪拌棒上的矽膠淋在原型上面，表面薄薄地覆蓋一層矽膠即可。

2 使用油漆噴槍吹氣，將卡在眼睛等凹陷處的氣泡趕出來。

3 定縫銷釘用的孔洞也要倒入矽膠。

4 將剩下來的矽膠慢慢地倒入型框內。

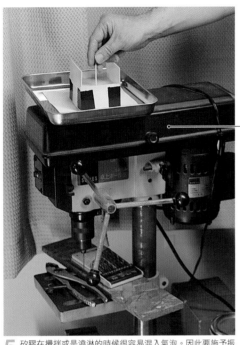

5 矽膠在攪拌或是澆淋的時候很容易混入氣泡。因此要施予振動，盡量將氣泡消除。

在這裏是利用金屬鑽孔加工作業的工作機械──鑽床的振動。

6 綁上橡皮圈補強，放置一天待其硬化。

7 確認硬化後，將塑膠板自型框取下。

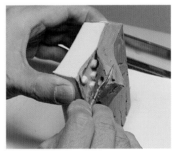

8 翻轉過來，讓油土那面朝上…。

9 將油土仔細的剝開。

10 使用刮棒將殘留的油土刮下。

11 小心不要傷到矽膠部分，將油土清除乾淨。

12 油土清除完畢，外觀變得乾淨的矽膠面。

② 製作裏側（腹側）的模具

塗布離型劑

塗布離型劑，可以避免原型與矽膠以及矽膠彼此之間發生沾黏的問題。也有可以讓樹脂的脫模狀態更理想的效果，因此在複製作業中也會使用這道步驟。

1 將矽膠模具放回塑膠板組合的型框，再用橡皮圈固定。

2 和76頁相同，將離型劑塗布在整個表面。

3 如果忘了這道步驟，等一下倒進來的矽膠就會整個黏住無法剝離。

混合調配矽膠

1 量測秤重主劑。

2 加入硬化劑。

3 加入染色劑，在視覺上區分先前製作的矽膠模具和現在開始要製作的矽膠模具。

！ 在矽膠內加入少量壓克力顏料染成不同顏色。

4 充分攪拌均勻。

5 完成染色的矽膠。

將矽膠倒入型框

1 與77頁同樣將矽膠倒入。

2 澆淋在中央的原型上。

3 覆蓋薄薄一層矽膠後，以油漆噴槍將氣泡吹開。

4 慢慢地倒入剩下的矽膠，待其硬化。

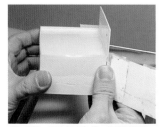

5 經過1天確認硬化後，將型框拆開。

6 表側與裏側的矽膠顏色不同，方便作業。

7 慢慢地將矽膠模具拆開。

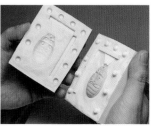

8 完成分離的矽膠模具。

③ 修飾整理矽膠模具

在矽膠模具上挖出讓樹脂流動的通道。像是用來灌注樹脂的「湯口」、用來確認樹脂流入狀態的「排氣孔」、隱藏式湯口之間的連接部位，以及金龜子的連接部位等，都要一邊考量樹脂是否易於流動，一邊以奇異筆標示出輪廓線。

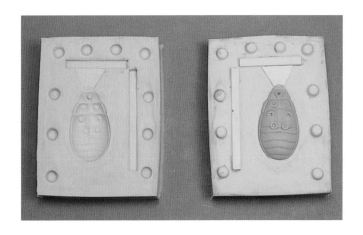

1 將隱藏式湯口的塑膠棒取下。

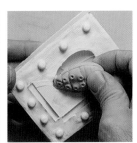

2 取下原型。

3 用奇異筆標示出湯口及排氣孔的輪廓線。

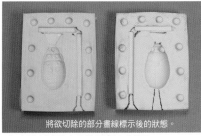

將欲切除的部分畫線標示後的狀態。

4 表側（背側）與裏側（腹側）的模具。

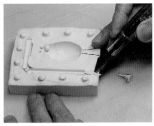

5 使用美工刀加工。因矽膠質地柔軟，作業時小心美工刀不要切得過深了。

6 加工金龜子的連接部位。

7 接著加工排氣孔及湯口。

8 將2塊模具組合起來，從上面確認排氣孔。

這次製作的矽膠模是以分模線的位置為優先考量，因此眼睛部分會呈現逆錐拔脫模角度的狀態。如果拆下原型的時候過於勉強，將會造成凸出的「眼睛」部分的矽膠破裂，因此要慢慢地撐開拆下，不要讓矽膠模具承受過大的負荷。

! 逆錐拔脫模角度是什麼？
前端的角度愈來愈小的錐體稱為錐拔脫模角度（taper）。如果物體的基部比前端的角度還小的話，就稱為「逆錐拔脫模角度」。

原型或者是樹脂複製品

取出的時候，模具容易受損。

逆錐拔脫模角度　　錐拔脫模角度

即使原型的形狀相同，只要分模線的位置不一樣，對矽膠模具造成的負擔就會隨之改變。

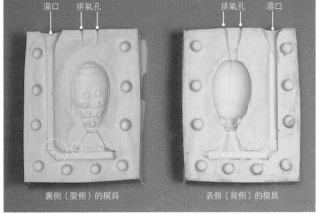

湯口　　排氣孔　　　　　　　排氣孔　　湯口

裏側（腹側）的模具　　　　　　表側（背側）的模具

9 加工完成的矽膠模具。

④ 以樹脂進行複製

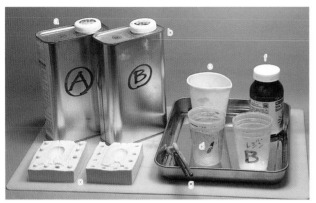

▲使用的材料及用具
a 樹脂主劑（A）＋ b 硬化劑（B）、 c 矽膠模具、 d 量杯×2個（A. B用）、 e 注入用紙杯、 f 離型劑、 g 攪拌棒。

準備好模具

◀使用矽膠模具，以樹脂進行複製。首先要用筆刷將離型劑塗布在矽膠模具上。只要塗布在樹脂會經過的部分即可。

▲▶使用塑膠板來對外側進行補強，並以橡皮筋固定。如果鬆開的話，樹脂會漏出來，因此要讓2塊模具確實密合。

將樹脂倒入模具

1 將樹脂的主劑（A）與硬化劑（B）按照指示的比例分別倒入量杯。根據筆者的經驗，就算計量不是太精準也沒有關係，只要抓一個大概的分量即可。

2 將A劑與B劑倒進注入模具用的紙杯。

3 如果攪拌不均勻的話，會發生硬化不良，因此要充分攪拌。

4 慢慢地將樹脂倒入矽膠模具的湯口。

! 樹脂的硬化時間是固定的，因此作業時間大約只有2～3分鐘。

只要在排氣孔能夠看得見樹脂，就代表樹脂有確實流進模具。

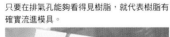

＊依樹脂的種類與當時的氣溫不同，硬化的時間也各有不同。

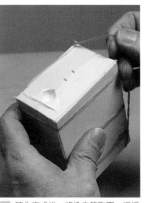

5 以牙籤等工具插入湯口，幫助氣泡排出。

6 樹脂注入模具完成後的狀態（上）。硬化後顏色會由透明變成不透明，可以用來判斷是否已經硬化（下）。

7 硬化完成後，將橡皮筋取下，緩緩地將矽膠模具分開。

⬤ 複製品完成了

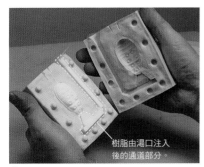

樹脂由湯口注入後的通道部分。

1 將複製完成的樹脂取下。

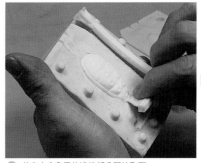

2 首先由金龜子的連接部分開始取下。

將上下側倒轉

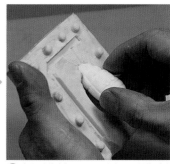

3 仔細地將金龜子取下，小心不要損傷到矽膠模具。

4 自模具取下後的樹脂複製品狀態，以及矽膠模具。

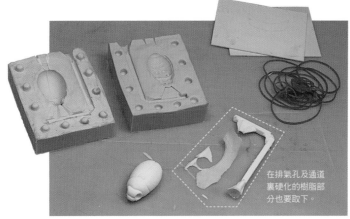

在排氣孔及通道裏硬化的樹脂部分也要取下。

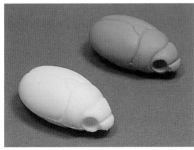

5 樹脂複製品（前）與原型（後）的比較。兩者並排也幾乎看不出有何差異，不過樹脂複製品的尺寸會稍微小一些。

6 使用美工刀將2塊模具組合邊緣的分模線削平修整。

7 將刀刃垂直靠在分模線上，以橫向移動刀刃般的感覺進行修整作業。

8 不需要太過用力，只要在表面滑動就OK了。將另一邊的側面也完成修整後的狀態。

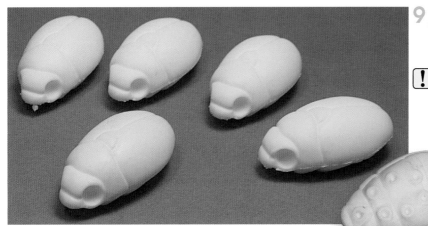

9 完成的樹脂複製本體。後續要以此來製作7種不同類型的作品，因此要先準備好所需要數量的複製品。

! 雖然這次就製作一次成功了，但如果發生樹脂流動不均，造成複製品出現部分缺陷或是氣泡，那就要將排氣孔的位置（通道數量）增加或是加粗，修模後重新製作。

◀裏側（腹側）
將分模線的凸起修整過後，再以砂紙將整體的外觀研磨修飾。

金屬甲蟲 鋼鐵類型

由側方觀察的狀態

雖然是以實際存在的生物作為設計靈感,但並非完全重現該生物的樣貌,而要再加入一些特色,以及機械性的道具來與其合體,要製作出讓觀看的人不由得升起「如果真的有這種生物,一定很有趣」如此感受的幻想中生物。

由上方觀察的狀態
裏側

由斜上方觀察的狀態

如果是相同的外形,只要先以紙黏土製作一個本體原型,然後再翻模製作模具,就可以利用本體的複製品來量產作品。鋼鐵類型
是將甲蟲原本即堅硬的外骨骼,以進一步進化成表面粗糙,如同鋼鐵鑄造物般質感的姿態呈現。

＊鑄造物…將熔化後的金屬倒入模具中製成的產品。

> ! 使用樹脂複製品的目的有 2 大類別
> 1. 想要以相同設計靈感繼續衍生其他作品的時候（此處的變種金龜子即為此例）
> 2. 想要表現出外觀相同的個體群聚在一起的時候（以160頁的柑橘鳳蝶幼蟲為例）

◎ 製作流程

🖌 透過底層處理～塗裝來為本體塑形

呈現出「鑄造物」的質感！

1 以液態石膏打底劑進行複製本體的底層處理後,接著以成模膠來修飾表面的質感（參考23頁）。

2 成模膠塗布完成後的狀態。

3 使用精密手鑽在腹側的腳部裝設位置鑽孔。

4 以瓷漆噴罐進行塗裝。使用「銀色」及「鐵灰色」這2種顏色。

5 使用瞬間接著劑將銲錫黏貼在背側及腹側的交界處。

6 使用錐子之類的工具,讓銲錫緊貼著表面形狀。

7 銲錫線黏貼完成後的狀態。

8 加工壓克力珠來當作「眼睛」。用筆塗的方式塗布金屬色系的瓷漆。

9 將眼睛裝設在本體上,周圍再以銲錫線圍繞。

10 折彎金屬線來製作觸角。

11 這次使用的是將昆蟲針頂端切掉之後剩餘的針尖部分。

12 插入本體，再以瞬間接著劑固定。

13 觸角前端的隆起部位，使用環氧樹脂補土塑形（上）。補土乾燥後，刷瓷漆上色（下）。

14 觸角裝設完成後的狀態。

🖉 製作各部位零件

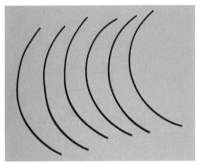

1 腳部使用包覆黑色塑膠皮膜的鐵絲製作。

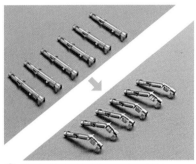

2 腿節與脛節使用加工後的電子零件製作。

3 將鐵絲插入腳部連接的基部，再以瞬間接著劑固定。

腳的基部所使用的各種不同零件

4 將基部零件組裝起來。

5 將腳的基部裝設在本體上。

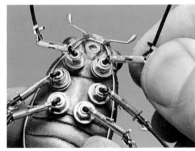

6 將電子零件插入腳部的鐵絲進行加工。

鐵絲的表面包覆有黑色塑膠皮膜，不需要另外塗裝。

7 腳部用的鐵絲裁切得長一些，比較好作業。

＊「自遊自在」這個品牌的工藝用彩色鐵絲，顏色選擇很多，方便使用。

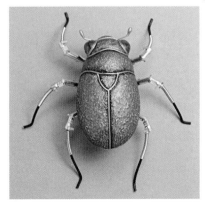

8 一部分的跗節使用彈簧來呈現。一邊觀察整體的均衡，一邊調整腳部的形狀。最後將鐵絲前端折彎後裁斷。

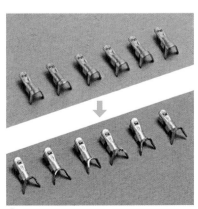

9 將電子零件折彎或切削，製作成尖爪的零件。

83

由組裝～進行細節的精細化處理

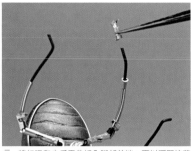

1 將扣眼和尖爪零件插入腳部前端，再以瞬間接著劑固定。

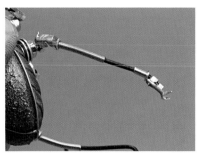

2 尖爪零件裝設完成後的狀態。

3 完成 6 隻腳的加工後的狀態。折出具有前腳、中腳、後腳感覺的彎弧。

4 用瓷漆將尖爪上色。

使用以稀釋劑溶解調淡後的瓷漆，將電子零件與彈簧塗黑。

5 在腳的關節部分裝設圓珠等零件。

6 塗上黑色，強調出立體感。

. . . .

黏貼轉印貼紙作最後修飾

黏貼完作品序號之後，噴塗保護用的透明瓷漆（黏貼方法請參考70頁）。

1 將字母轉印貼紙移至透明的轉印貼紙底紙。

2 橫向抽離底紙，讓轉印貼紙黏貼於本體，再用綿花棒壓緊。

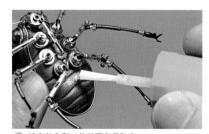

3 塗布軟化劑，使其更容易貼牢。

4 使用消光保護漆噴塗整體，營造出沈穩而且不反光的質感。

完成

口器要裝設各種墊圈、螺帽、扣眼等零件修飾，並以電子零件來做進一步細節精細化處理。

5 只有眼睛要用筆刷塗布保護塗料，賦予其光澤。

金屬甲蟲 銅質類型

銅質類型與鋼鐵類型相同，在外觀上雖然是製作成傳統造形的金龜子，但是在鞘翅（上翅）加上直條紋來呈現出特色。因為鋼鐵類型是製作成消光的外觀，那麼這次的銅質類型就製作成擁有金屬光澤的外觀。

＊鞘翅…指甲蟲等昆蟲硬化了的前翅。後續將簡稱為上翅。

由側方觀察的狀態

由上方觀察的狀態

由斜上方觀察的狀態

⬡ 製作流程

✏ 透過底層處理～塗裝來為本體塑形

1 在複製本體的上翅以彫刻刀刻出縱向的直條模樣。

2 以砂紙將整體表面磨至平滑，然後再使用灰色模型底漆做底層處理。

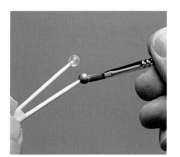

3 使用加工後的壓克力珠製作「眼睛」。以筆塗方式塗布金屬色系的瓷漆塗料。

4 以瓷漆噴罐來進行本體的塗裝。使用「銅色」與「黑色」2種顏色。接著裝設眼睛、黏貼銲錫線裝飾。

5 將金屬線折彎後插入本體，使用環氧樹脂補土塑形前端的隆起部分。然後再塗裝成黑色。

✏ 製作各部位零件

1 腳部使用包覆黑色塑膠皮膜的鐵絲製作。

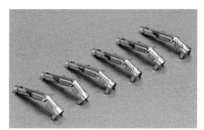

2 腿節與脛節使用加工後的電子零件製作。將相當於關節的位置折彎。

製作各部位零件的後續

3 將電子零件以瓷漆塗裝成銅色。

4 將腳部的鐵絲插入本體,並用墊圈、螺帽、扣眼等零件裝飾腳的基部。

5 將電子零件插入鐵絲,並調整腳的形狀。

由裏側(腹側)觀察的狀態

6 在脛節追加零件。將連接端子以瓷漆上色。

▲將零件裝設在腳部的狀態。整個腳部的分量感稍為增加了。

7 使用銲錫線來呈現跗節。將銲錫線纏繞在直徑比腳部鐵絲略粗的鑽頭上。

8 裁切下來後成為環狀。

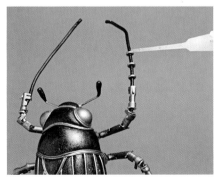

9 將銲錫線環穿過腳部,以瞬間接著劑固定。

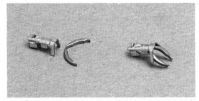

10 尖爪使用電子零件及按鈕的一部分組合起來製作。

▲尖爪的零件一共要預先製作6隻腳的數量備用。

由組裝～進行細節的精細化處理

1 將扣眼與尖爪的零件插入腳部的前端,以瞬間接著劑固定。

口器所使用的各種不同零件

2 尖爪零件完成,並以瓷漆塗裝成黑色後的狀態。

3 組裝起來後裝設在本體上。

4 使用電子零件與手工藝用圓珠來進行細節的精細化處理。

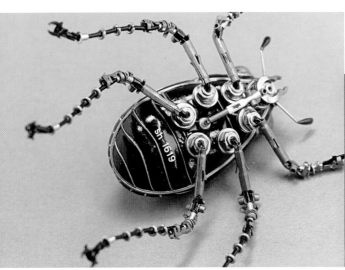

5 將以轉印字母搭配透明轉印貼紙製作的作品序號,黏貼在本體上。乾燥後,噴塗透明保護瓷漆使其固定。

透明保護漆要分成幾次薄薄地噴塗。

完成

6 最後再以透明保護瓷漆噴塗整體,修飾出光澤感。

87

圍巾裝飾甲蟲 扭旋類型

外觀看起來就像是胸部（前胸背板）圍上了一條圍巾般的「圍巾裝飾甲蟲」，與鋼鐵類型甲蟲相較之下色彩較為繽紛。接下來就讓我們來製作圍巾布條像是扭轉了似的扭旋類型吧。

由上方觀察的狀態

前胸背板

裏側

sh-1616

由側方觀察的狀態

由斜側方觀察的狀態

製作流程

透過底層處理～塗裝來為本體塑形

1 使用鉛筆在複製本體上描繪圍巾的模樣草稿。

2 沿著草稿線條，使用彫刻刀刻出溝槽來塑形。

3 以砂紙將表面磨至平滑。

4 使用液態石膏打底劑做底層處理。

5 底層處理完成後的狀態。

6 圍巾部分的塗裝，使用混色後的壓克力塗料（壓克力不透明顏料）。

7 壓克力不透明顏料因為顏料本身不透明，所以就算在上層塗布其他顏色，基本上也不會受到下層顏色的影響。

8 圍巾部分塗布完成後的狀態。因為易於修正的關係，塗裝時就算多少有些超出線條範圍也沒有關係。

9 頭部使用壓克力塗料，上翅則使用瓷漆塗料。

10 腹側也要塗裝。乾燥後，噴塗透明保護瓷漆將整個表面上一層保護膜。

11 將銲錫線塗裝成金色。

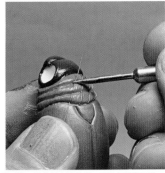

12 沿著圍巾的模樣，黏貼銲錫線裝飾。

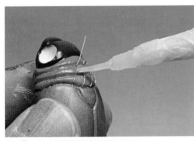

13 點上瞬間接著劑固定銲錫線。

翅膀收起來時的交界線與其他位置的交界線，使用一般的銲錫線裝飾。

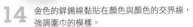

14 金色的銲錫線黏貼在顏色與顏色的交界線，強調圍巾的模樣。

15 使用加工後的壓克力珠製作「眼睛」。以筆塗方式塗布金屬色系的瓷漆塗料。

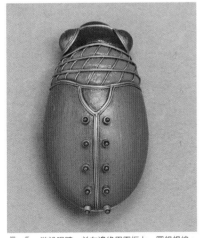

16 裝設眼睛，並在邊緣周圍框上一圈銲錫線。上翅則以手工藝用圓珠裝飾。

17 觸角使用折彎的金屬線插入本體製作，並以環氧樹脂補土塑形前端的隆起部分。

一邊製作本體，一邊進行細節的精細化處理。

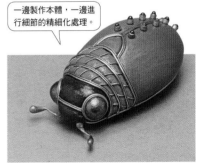

18 當補土硬化後，將觸角的隆起部分塗裝成銀色。

🖊 製作各部位零件

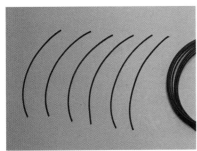

1 腳部使用包覆黑色塑膠皮膜的鐵絲製作。裁切較6隻腳所需要分量稍長一點的線材。

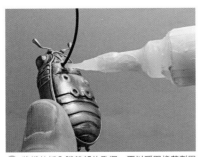

2 將鐵絲插入腳基部的孔洞，再以瞬間接著劑固定。

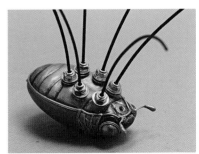

3 使用墊圈等零件來修飾加工腳的基部。

製作各部位零件～組裝起來

1 腿節與脛節使用加工後的電子零件製作。將相當於關節的位置折彎後，以瓷漆上色。

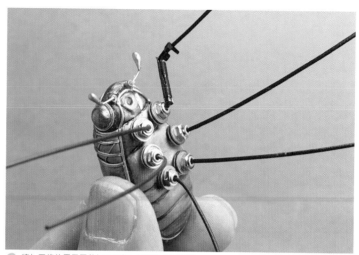

2 將加工後的電子零件插入腳部，並調整腳的形狀。

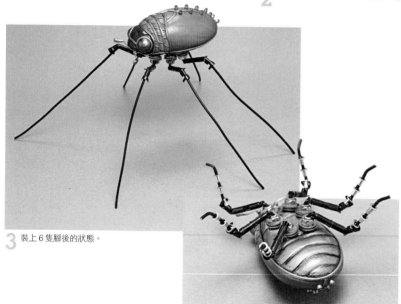

3 裝上6隻腳後的狀態。

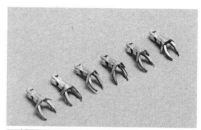

4 使用扣眼來呈現出跗節。以瞬間接著劑固定。調整腳的形狀，保留前端裝設尖爪的部分，將多出來的鐵絲裁切掉。

5 尖爪使用按釦的一部分以及電子零件組合起來製作。

6 將尖爪以瓷漆塗裝成金色。

完成

7 使用各種不同的墊圈來裝飾口器，並以電子零件來進行細節的精細化處理。最後再以透明保護瓷漆噴塗整體，修飾出光澤感。

圍巾裝飾甲蟲 圓點類型

另外一隻「圍巾裝飾甲蟲」，要製作成立體水珠模樣的時尚風格設計。使用壓克力顏料上色，可以納入由鮮豔色到樸實色等等，各式各樣的色彩範圍。也可以如同73頁的作品群一般，在施加的細節模樣與裝飾設計稍作變化，就能夠呈現出各種獨特的設計風格。

由側方觀察的狀態

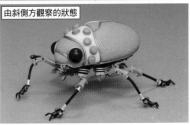
由斜側方觀察的狀態

由前方觀察的狀態

由上方觀察的狀態

裏側

sh-1617

製作流程

透過底層處理～塗裝來為本體塑形

1 以液態石膏打底劑做好複製本體的底層處理後，與製作鋼鐵類型時相同，使用成模膠來製作出頭部與上翅表面的粗糙質感。

2 使用壓克力塗料（含壓克力不透明顏料）進行塗裝。

3 塗裝圍巾（前胸背板）部分。以筆塗的方式塗布摻入白色的淡奶油色。

4 頭部及上翅則塗裝成明亮的橘色。

! 不同的作品，所使用的色彩及細節精細化處理使用的零件都不相同，因此銲錫線的粗細，以及黏貼的位置都要考慮到完成時整體的均衡來選擇。

5 腹側要以黑色壓克力塗料進行塗裝。

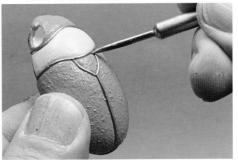

6 噴塗透明保護瓷漆，將整個表面上一層保護膜。

7 黏貼銲錫線裝飾。

8 腹側也貼上銲錫線。

透過底層處理～塗裝來為本體塑形的後續

9 圓點模樣用的零件，使用壓克力塗料上色。

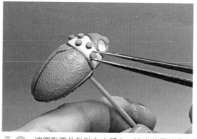

10 將圓點零件黏貼在本體上。這次使用的是銅材的邊材，不過也可利用打孔器將肯特紙板等厚紙打成圓形使用。

11 使用直徑與圓點零件近似的鑽頭，製作銲錫線的環圈。

12 在圓點零件的邊緣，黏貼銲錫線的環圈。

13 裝設壓克力珠作為眼睛，周圍以銲錫線裝飾邊框。

製作各部位零件～組裝起來

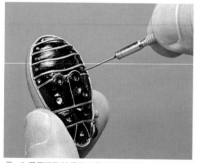

1 為了要讓腹節看起來是用鉚釘固定，因此要以精密手鑽在腹節的兩端鑽出孔洞。

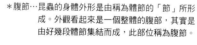

＊腹節…昆蟲的身體外形是由稱為體節的「節」所形成。外觀看起來是一個整體的腹部，其實是由好幾段體節集結而成，此部位稱為腹節。

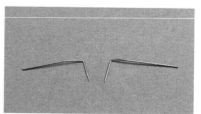

2 準備 2 根用來製作觸角的金屬線。

3 將昆蟲針的頂端插入腹節的開孔，再以瞬間接著劑固定。觸角也以相同方式固定。

4 以環氧樹脂補土在觸角前端塑形後，塗裝成黑色。

5 腳部使用包覆黑色塑膠皮膜的鐵絲製作。將鐵絲插入腳的基部的孔洞，再以瞬間接著劑固定。

6 使用墊圈等零件來修飾加工腳的基部。

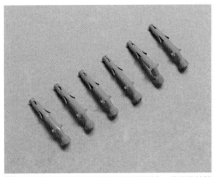

7 腿節與脛節使用加工後的電子零件製作。將相當於關節的位置折彎後，以壓克力塗料上色。

8 將加工後的電子零件插入腳部的鐵絲，然後再調整腳的形狀。

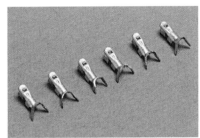

9 腳前端的尖爪也使用加工後的電子零件製作。

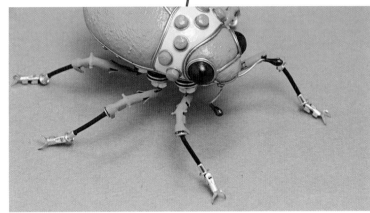

10 調整腳的形狀，保留前端裝設尖爪的部分，將多出來的鐵絲裁切掉。插入扣眼和尖爪，再以瞬間接著劑固定。

11 對尖爪零件進行塗裝。

12 使用各種不同的墊圈、螺絲、扣眼來修飾口器，並以電子零件進行細節的精細化處理。

13 將以轉印字母搭配透明轉印貼紙製作成的作品序號，黏貼在本體上。

完成

14 使用消光保護漆噴塗整體，營造出沈穩而且不反光的質感。

小喇叭造型甲蟲

這裏要製作的是以樂器為設計靈感的金龜子作品。形象設定最大的特徵是在背後的配管與吻部前端的「弱音器」，為了不讓敵人聽見，而讓叫聲進化變得更小聲。樂器的外觀如果製作得和真實樂器一模一樣就顯得無趣，但如果外形差太多又無法看出是什麼樂器，因此要找出其中的平衡點來設計外形。

＊弱音器（Mute）…裝設在樂器上的器具，用來減弱音量，或者是讓音色產生變化。使用時要將弱音器插入樂器的牽牛花形狀的鐘狀物內部。

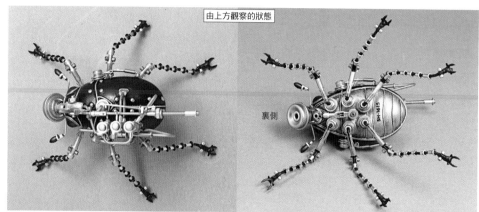

由上方觀察的狀態

裏側

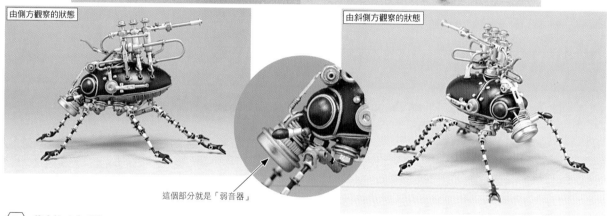

由側方觀察的狀態

由斜側方觀察的狀態

這個部分就是「弱音器」

製作流程

底層處理

側面也要預先鑽出孔洞

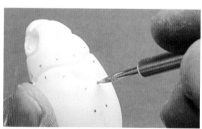

1 為了要讓外觀修飾成看起來像是用鉚釘固定，先在複製品本體上用鉛筆標示鑽孔位置，再以錐子刺出凹痕，方便後續的鑽孔作業。

2 使用精密手鑽鑽出約略5mm深的孔洞。

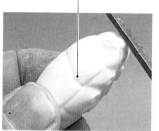

3 頭部（吻部）的前端需要裝設各種零件，為了讓後續的裝設作業更順利，先以金工銼刀將表面研磨至平滑。

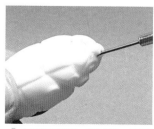

4 在研磨面的中央，預先鑽出一個用來插入固定零件的金屬棒的孔洞。

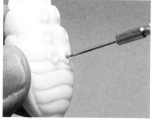

5 在腹側鑽出用來裝設腳部的孔洞。

6 用砂紙將表面整平後，噴塗灰色模型底漆。

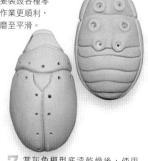

7 當灰色模型底漆乾燥後，使用320～400號的砂紙將形狀整平，製作用來塗裝的底層。

進行塗裝

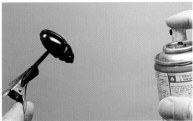

1 使用黑色瓷漆噴罐進行塗裝。

乾燥後，噴塗透明保護瓷漆將整個表面上一層保護膜。

2 腹側用筆刷塗裝，作業時小心塗料不要超過邊界線。

3 將裝飾用的銲錫線塗裝成金色。

4 沿著背側與腹側的體節邊緣線，黏貼上述的銲錫線。再以瞬間接著劑點塗固定銲錫線。

5 銲錫線黏貼完成的狀態。

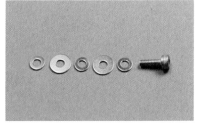

6 用來裝設於側面的各種墊片及圓柱頭螺栓。

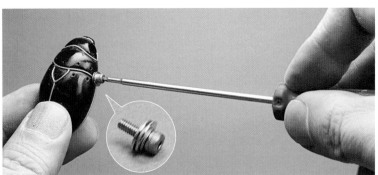

7 使用六角扳手固定零件。

⚠ 單色塗裝時，只要黏貼銲錫線，就能夠明確地呈現出體節的形狀。相對於陰影變化的塗裝（噴塗陰影）方法，這樣的表現手法比較常見。

8 零件裝設完成後的狀態。

製作各部位零件～進行細節的精細化處理

1 製作鉚釘。將昆蟲針（黃銅製）的頂端保留2～3mm針腳後裁斷。

2 以鑷子夾起昆蟲針，插入孔洞。由隙縫倒入瞬間接著劑固定。

3 昆蟲針裝設完成的狀態。

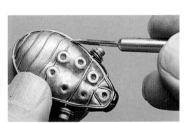

4 腹側也要以銲錫線裝飾，並在腳的基部預先黏貼墊圈。

製作樂器部分

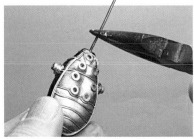

1 將銅線插入吻部前端。

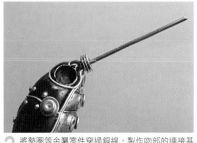

2 將墊圈等金屬零件穿過銅線，製作吻部的連接基部。

3 預設完成後的長度，將銅線剪斷。

4 將零件組裝製作。要以裝設在小喇叭鐘形部分的弱音器外形作為參考。

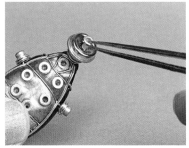

5 以扣眼固定由前端伸出來的銅線。

6 由上方觀察弱音器的狀態。

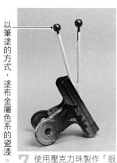

以筆塗的方式，塗布金屬色系的瓷漆。

7 使用壓克力珠製作「眼睛」。

8 將眼睛裝設在本體上，邊緣以銲錫線圍繞。

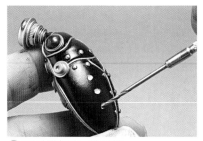

9 在背上鑽出孔洞，製作配管。

10 研究如何將小喇叭的構造製作成變化形態。將黃銅管插入鑽開的孔洞，決定好長度。

11 觀察整體的均衡感，目測分量，標示記號，然後將銅管暫時拆下來切斷。

12 製作手指按壓的「活塞鍵」。以螺帽、扣眼及套環等零件，組合製作成近似活塞鍵的外形。

由上方觀察的狀態

由側方觀察的狀態

13 配管部分使用黃銅棒。並以螺帽、扣眼、各種電子零件、圓珠、彈簧、銲錫線等先前幾乎都使用過的材料，來固定黃銅棒端部以及連接部分。

製作各部位零件～進行細節的精細化處理

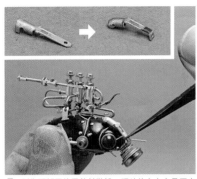

1 製作頭部用的零件並裝設。照片的左上方是原來的電子零件，右上方是相同零件加工後的狀態。

2 將螺帽、墊圈、圓珠等材料組合後，進行細節的精細化處理。時而拉近，時而拿遠、旋轉觀察，一邊作業，一邊要經常確認整體的均衡狀態。

3 將鐵絲插入在腳的基部鑽開的孔洞內，再以瞬間接著劑固定。6隻腳都裝設上去，並以墊圈、螺帽、扣眼等零件來修飾加工腳的基部。

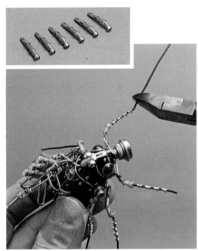

4 在腳部相當於腿節與脛節的位置，以電子零件加工後，再以瓷漆上色。將電子零件套入腳部的鐵絲，然後再調整腳的形狀。跗節以扣眼來呈現，並使用瞬間接著劑固定。

◀使用按鈕的一部分與電子零件來製作尖爪。

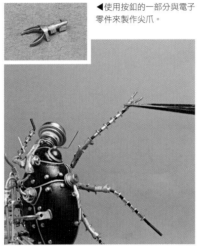

5 調整腳的形狀，保留前端的尖爪部分，將鐵絲剪斷。再將尖爪裝設上去。

6 使用各種不同的墊圈、螺帽、扣眼來修飾加工口器。並使用電子零件進行細節的精細化處理。

7 使用環氧樹脂補土塑形觸角前端的隆起部分，並以瓷漆上色尖爪及觸角前端。

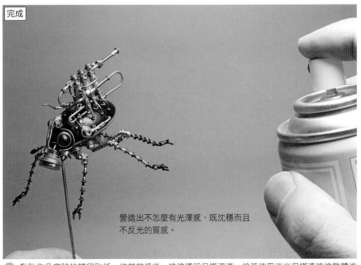

完成

營造出不怎麼有光澤感，既沈穩而且不反光的質感。

8 黏貼作品序號的轉印貼紙，待其乾燥後，噴塗透明保護瓷漆。接著使用消光保護漆噴塗整體修飾後就完成了。

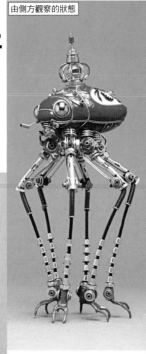

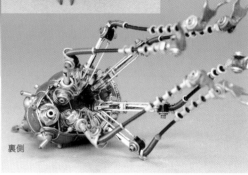

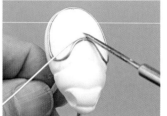

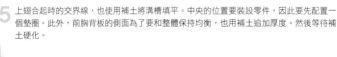

達摩不倒翁金龜子

以民藝品為設計靈感的「達摩不倒翁金龜子」。雖然現實世界裏也有相同名稱的金龜子存在，但在這裏我們是要將帶來好運的擺飾品與金龜子連結後，設計製作出幻想世界裏的變種金龜子。這次我將腳部的變形設計一口氣拉到極長，以誇張愉快的表現手法，傳達即使跌倒仍能再起的不折不撓精神。

由上方觀察的狀態

由側方觀察的狀態

由斜側方觀察的狀態

裏側

達摩不倒翁標示有「福」字的部位，這次以象徵財富的皇冠造形來進行細節的精細化處理。表側的紅色部分要呈現出紙糊材料般的粗糙質感，以將壓克力塗料厚塗放置於表面的要領進行塗裝。

製作流程

本體塑形～底層處理～進行塗裝

1 準備好複製品本體。以精密手鑽在腹側預計裝設腳部的位置鑽孔。

2 使用鉛筆將上翅的模樣（達摩不倒翁的臉部）位置標示出來。描繪出大略的線條。

3 以標線為參考，黏貼銲錫線。

4 以黏貼的銲錫線為界線，使用環氧樹脂補土在周圍堆土墊高。形成銲錫線內側較為凹陷的形狀。

5 上翅合起時的交界線，也使用補土將溝槽填平。中央的位置要裝設零件，因此要先配置一個墊圈。此外，前胸背板的側面為了要和整體保持均衡，也用補土追加厚度。然後等待補土硬化。

6 腹側的狀態。

7 補土硬化後，以砂紙將表面的凹凸磨至平滑來塑形。

8 以筆塗上灰色模型底漆（水補土）。乾燥後，使用320～400號的砂紙將表面磨至平滑。

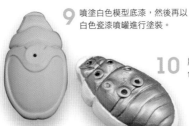

9 噴塗白色模型底漆，然後再以白色瓷漆噴罐進行塗裝。

10 腹側塗裝成銅色。

11 腹側還要噴塗陰影加工（參考27頁）。乾燥後，噴塗透明保護瓷漆將整個表面上一層保護膜。

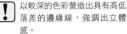

! 以較深的色彩營造出具有高低落差的邊緣線，強調出立體感。

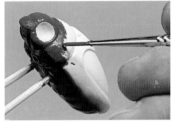

12 紅色部分使用壓克力顏料筆塗。

13 在邊界線黏貼銲錫線。

14 乾燥後噴塗透明保護瓷漆。以不銹鋼珠製作眼睛。

15 腹側也黏貼銲錫線作為裝飾。預先在腳的基部貼上墊圈。

16 腹節使用昆蟲針的頂端來營造出如同鉚釘固定般的感覺。

17 研究如何呈現出背後（上翅）的「達摩臉孔」。先描繪原寸大小的素描，再去尋找大小與形狀剛好的零件。使用墊圈、或是銅板鑽孔加工時產出的廢料，還有按釦的部分零件來表現出眼、鼻、口。

18 以壓克力塗料上色。

🗸 進行細節的精細化處理

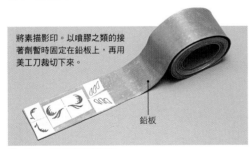

將素描影印。以噴膠之類的接著劑暫時固定在鉛板上，再用美工刀裁切下來。

鉛板

1 眉毛、鬍子使用鉛板製作。

2 裁切下來的眉毛與鬍子。

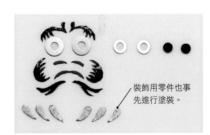

裝飾用零件也事先進行塗裝。

3 將鉛板的眉毛與鬍子以瓷漆噴罐上色。完成塗裝的臉部零件如上圖。

4 將臉部零件以瞬間接著劑黏貼在背上。

5 達摩的臉孔完成了。一開始選用的黑眼珠零件太大了，所以變更為小一號的零件。

6 在背側鑽一個用來固定零件的金屬棒使用的孔洞，插入銅線，再以瞬間接著劑固定。

99

進行細節精細化處理的後續

7 準備好要裝設在背側的皇冠使用的各種零件。

8 以銅線為軸,進行組裝。

9 皇冠完成後的狀態。

10 塑形觸角。前端使用彈簧及金屬球裝飾。

11 將墊圈、螺帽、E型環等零件組裝起來後,裝設到口器。

製作各部位零件～修飾加工至完成品

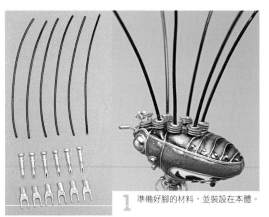

1 準備好腳的材料,並裝設在本體。

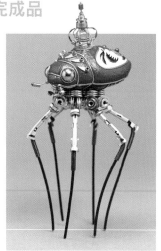

2 將使用墊圈與螺帽組裝好的零件裝設於關節部分,插入電子零件當作腿節,並以彈簧表現脛節。將腳的形狀調整成由上方觀察時,會整個隱藏在本體下方的狀態。

3 尖爪使用電子零件的Y型壓接端子進行加工。

4 先以尖嘴鉗折彎或扭轉使其變形,再用電動刻磨機將前端削成又細又尖的形狀。

5 以瓷漆塗裝尖爪。

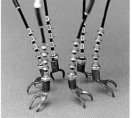

6 附節以扣眼製作。將尖爪以瞬間接著劑固定。

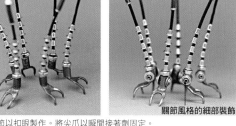

關節風格的細部裝飾

7 連接腳的基部也進行細部的修飾加工。

完成

8 黏貼作品序號做最後修飾。

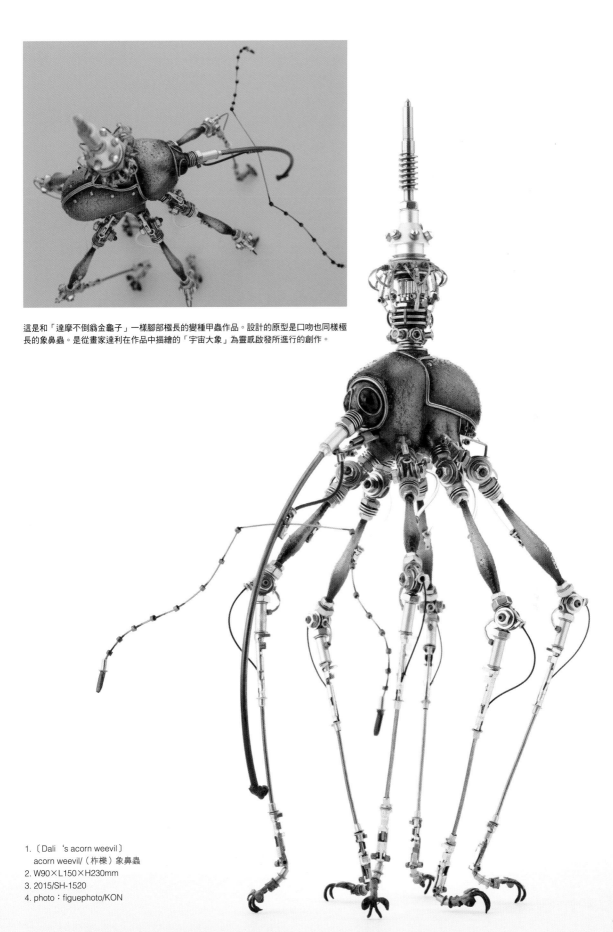

這是和「達摩不倒翁金龜子」一樣腳部極長的變種甲蟲作品。設計的原型是口吻也同樣極長的象鼻蟲。是從畫家達利在作品中描繪的「宇宙大象」為靈感啟發所進行的創作。

1.〔Dali 's acorn weevil〕
　　acorn weevil/（柞櫟）象鼻蟲
2. W90×L150×H230mm
3. 2015/SH-1520
4. photo：figuephoto/KON

大龜紋金龜子

「大龜紋金龜子」是一種名為金花蟲的昆蟲的同伴，幼蟲會將脫下來的外殼繼續保留在尾部的生態很有趣，成為製作這件作品的靈感來源。「大龜紋金龜子」的日文名稱漢字寫做「龜子（Kamenoko）」，於是又聯想到「龜爸爸的背上揹著龜兒子～」這首搞笑歌曲的歌詞，因此就設計出這件垂直方向重疊的甲蟲作品了。

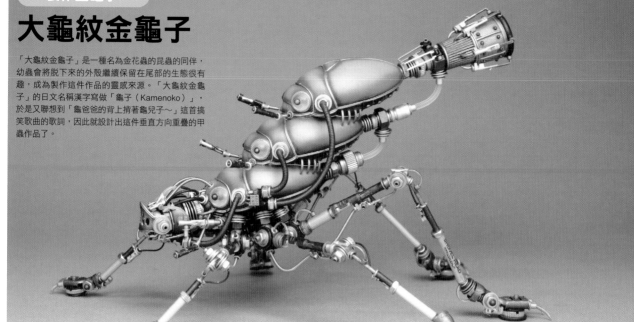

由側方觀察的狀態

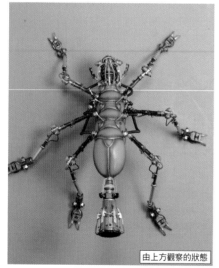

由上方觀察的狀態

由前方觀察的狀態

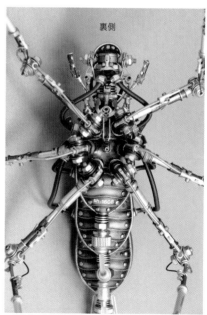

裏側

由斜側方觀察的狀態

🖊 本體塑形

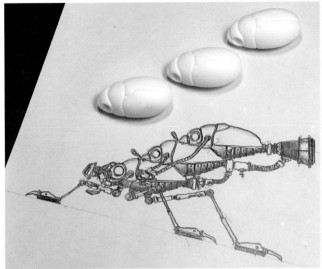

1 先以手繪草圖來將預定完成的作品形態以視覺化的方式呈現。一共要使用3個複製品本體。

2 使用電動刻磨機將疊在上層的本體腹側削磨掉。

⚠ 使用電動刻磨機削磨樹脂時會產生大量的粉塵，因此要配戴口罩，並且開著吸塵器邊吸邊作業。

3 一邊確認配合下層的本體形狀，一邊慢慢地削磨。

4 鑽開一個用來連結本體之間的銅線用的孔洞。

5 將銅線插入孔洞，並以瞬間接著劑固定。

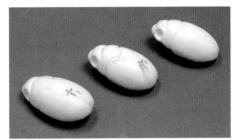

6 背側也要鑽開用來插入銅線的孔洞。

7 將3個本體重疊，在腹側鑽開用來插入腳部的孔洞。

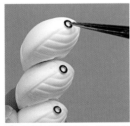

8 腹部尾端稍微磨平，再黏貼墊圈。

9 將環氧樹脂補土充填在墊圈的周圍、以及本體之間的連接部分，並以刮棒來塑形。

由側方觀察的狀態

10 做好在腹部尾端裝設零件的基礎準備。

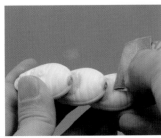

11 補土硬化後，使用美工刀及砂紙將表面磨至平滑。

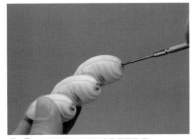

12 腹部尾端以精密手鑽鑽開孔洞。

一邊觀察整體的均衡感，一邊確認形狀。

13 整體看起來稍嫌瘦弱，因此要增加橫向的分量。使用環氧樹脂補土在前胸背板的側面堆土塑形。

底層處理～進行塗裝

1 噴塗灰色模型底漆，乾燥後使用320～400號的砂紙將底層整平。

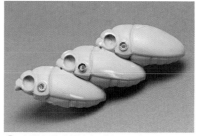

2 本體側面為裝設管路預作加工。黏貼墊圈，在中間鑽一個孔洞。

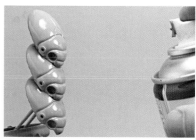

3 使用瓷漆噴罐進行塗裝。

4 本體腹側使用筆塗方式進行塗裝，小心不要超出邊界線。

5 與製作「達摩不倒翁金龜子」時相同，以油漆噴槍噴塗陰影。

6 腹側也同樣以油漆噴槍噴塗陰影。乾燥後，噴塗透明保護瓷漆將整個表面上一層保護膜。

製作本體的形象

1 在側面的孔洞（上），還有腳的基部（下）黏貼墊圈。

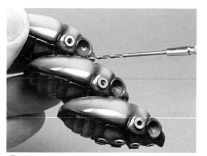

2 在觸角的位置鑽孔。

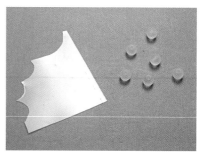

3 使用壓克力珠和偏光薄膜製作眼睛。

4 將壓克力珠的眼底部分磨成平面，接著配合直徑裁切偏光薄膜。

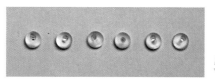

5 將偏光薄膜黏貼在壓克力珠上。

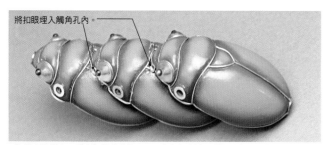

將扣眼埋入觸角孔內。

6 將眼睛裝上，並以銲錫線裝飾周圍。背部與腹側、體節的邊界線也使用銲錫線裝飾。

7 腹節使用昆蟲針的頂端來營造出如同鉚釘固定般的感覺。腹部也要黏貼銲錫線裝飾。

進行細節的精細化處理

製作面罩

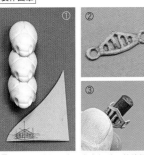

塗上液態石膏打底劑

塑膠環

1 將厚紙裁切下來，左右打孔，然後捲出弧度。

2 處理底層後進行塗裝。塑膠環也塗裝。

3 將銲錫線與墊圈黏貼在面罩上，與面罩內零件 a 組合好後，裝上塑膠環。

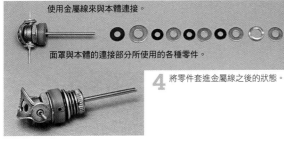

使用金屬線來與本體連接。

面罩與本體的連接部分所使用的各種零件。

4 將零件套進金屬線之後的狀態。

5 將組合好的面罩插入本體之內。

面罩周邊

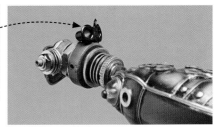

將扣眼與黃銅線銲接起來製作。

1 製作面罩下端管路裝設用的零件。

2 在面罩上鑽用來裝設零件 b 的孔洞。

3 將零件 b 塗裝後固定至面罩上。

電子零件加工後黏貼上去。

4 將周邊零件與面罩連接起來。將以墊圈、螺帽、E型環等材料組合好的零件裝設到口部。

5 使用電子零件與圓珠來進行細部的修飾加工。

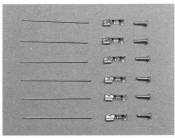

6 將管路暫時安裝至面罩，確認所需要的長度。

7 將管路安裝上去後的狀態。使用的素材是彈簧。

8 上面也要配管加工，使用電子零件及扣眼、圓珠來裝飾管路端點。

9 觸角所使用的金屬線、電子零件、扣眼。

進行細節的精細化處理的後續

| 觸角與配管作業 |

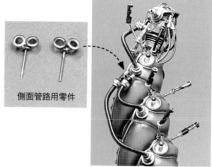

側面管路用零件

10 將電子零件上色。折彎金屬線，裝設在觸角前端，然後將扣眼和圓珠串入基部。

11 將觸角插入本體後固定。

12 上色後固定在本體上，再插入彈簧。管路中間如果先穿過一條鋁線的話，會比較容易調整形狀。

| 製作排氣口 | 將顏料的管狀容器的蓋子加工製作成排氣口，裝設在中央軸上。

① 準備一個蓋子。　②　③ 銲錫線　④　O形環　⑤

銲錫線　塗裝

1 先以環氧樹脂補土增加蓋子的厚度，再進行塗裝。修飾加工內部細節，並在邊緣黏貼O形環。

2 將與本體連接部分所使用的各種零件穿過中央軸。

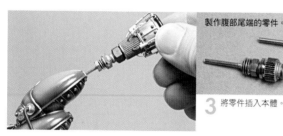

製作腹部尾端的零件。

ⓐ

ⓑ

3 將零件插入本體。

ⓐ

ⓑ

4 插入本體後，以橡膠管連接起來。

製作各部位零件

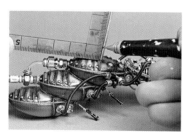

1 腳的芯材使用銅線製作。將鋁合金管插入基部，決定好長度。

2 將鋁合金管拔出來裁斷後，再度插入以瞬間接著劑固定。

3 將墊圈、螺帽、扣眼等零件黏貼在基部。

4 將腳部使用的6根銅線裁切下來，插入基部的鋁合金管內，並用瞬間接著劑固定。

5 製作腿節的部分。裁切用來套入銅線的鋁合金管。

6 以瓷漆塗裝用來蓋在鋁合金管上的電子零件。

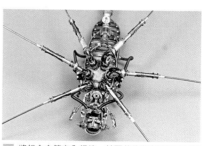

7 將鋁合金管套入銅線，並覆蓋塗裝完成的電子零件。將套管、彈簧、扣眼、墊圈等零件調整到可以看得見鋁合金管的長度。

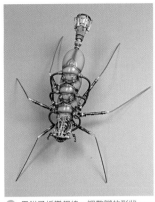

8 用鉗子折彎銅線，調整腳的形狀。一邊觀察整體均衡感，一邊將角度決定下來。

9 銅線的一部分以瓷漆進行塗裝。

使用彈簧來表現脛節。

10 使用鋁合金管、螺帽、墊圈、扣眼製作跗節。

▲裝設完成的狀態。

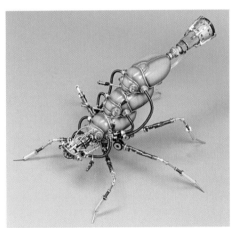

11 調整腳的形狀，保留用來裝設尖爪的部分，裁掉其餘的銅線。

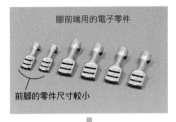

腳前端用的電子零件

前腳的零件尺寸較小

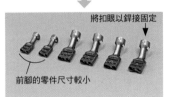

將扣眼以銲接固定

前腳的零件尺寸較小

12 將相當於關節的位置折彎，並以瓷漆進行塗裝。

▲在腳前端裝設尖爪。將各種墊圈與扣眼裝設上去，尖爪使用銅線製作。

13 將尖爪加工折彎，組裝起來。

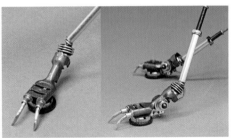

14 把腳裝設上去。

15 修飾加工如腳的基部等細節部位。

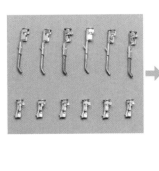

▲將電子零件與扣眼組合起來，裝設到腿節上。

▼裝設到脛節上。

16 細節精細化處理過後，再噴塗消光保護漆，這樣就完成了。

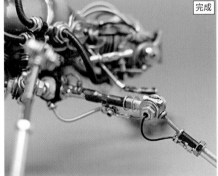

完成

▲使用橡膠管等修飾加工關節周圍部分。

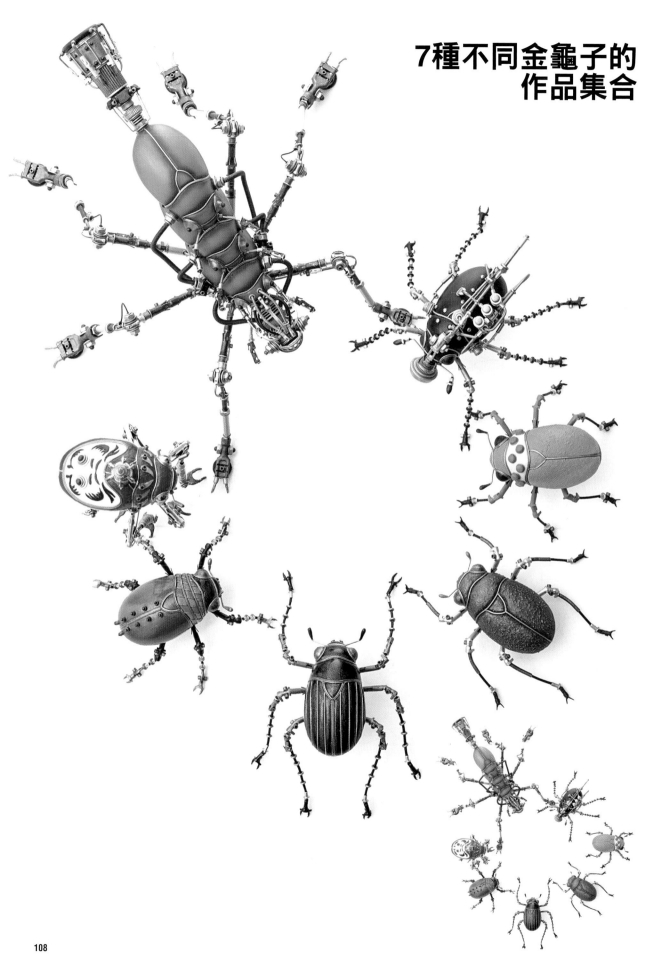

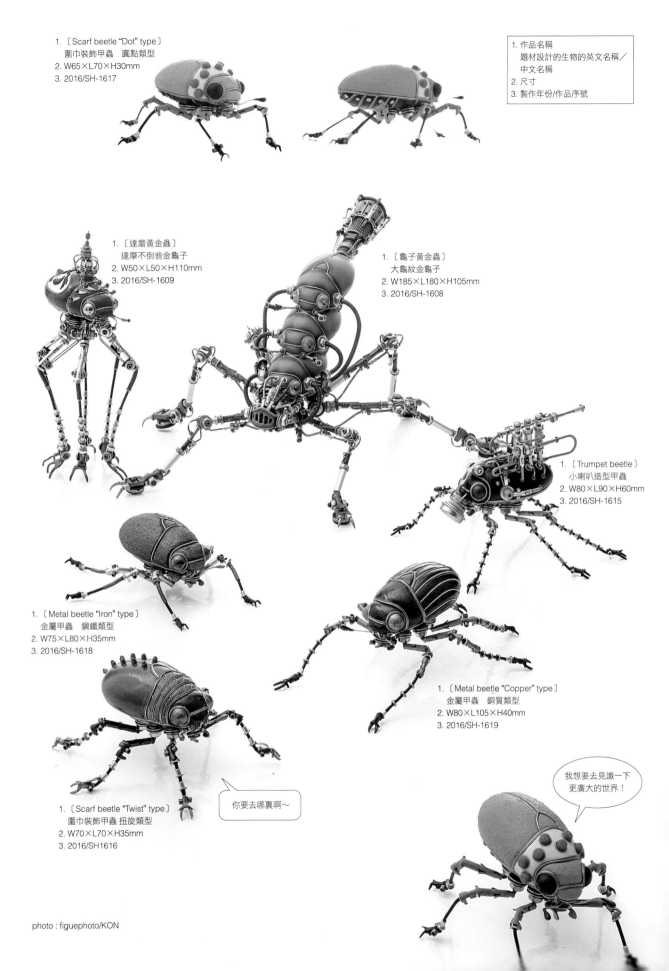

1. 〔Scarf beetle "Dot" type〕
   圍巾裝飾甲蟲　圓點類型
2. W65×L70×H30mm
3. 2016/SH-1617

1. 作品名稱
   題材設計的生物的英文名稱／
   中文名稱
2. 尺寸
3. 製作年份/作品序號

1. 〔達磨黃金蟲〕
   達摩不倒翁金龜子
2. W50×L50×H110mm
3. 2016/SH-1609

1. 〔龜子黃金蟲〕
   大龜紋金龜子
2. W185×L180×H105mm
3. 2016/SH-1608

1. 〔Trumpet beetle〕
   小喇叭造型甲蟲
2. W80×L90×H60mm
3. 2016/SH-1615

1. 〔Metal beetle "Iron" type〕
   金屬甲蟲　鋼鐵類型
2. W75×L80×H35mm
3. 2016/SH-1618

1. 〔Metal beetle "Copper" type〕
   金屬甲蟲　銅質類型
2. W80×L105×H40mm
3. 2016/SH-1619

1. 〔Scarf beetle "Twist" type〕
   圍巾裝飾甲蟲　扭旋類型
2. W70×L70×H35mm
3. 2016/SH1616

你要去哪裏啊～

我想要去見識一下
更廣大的世界！

photo : figuephoto/KON

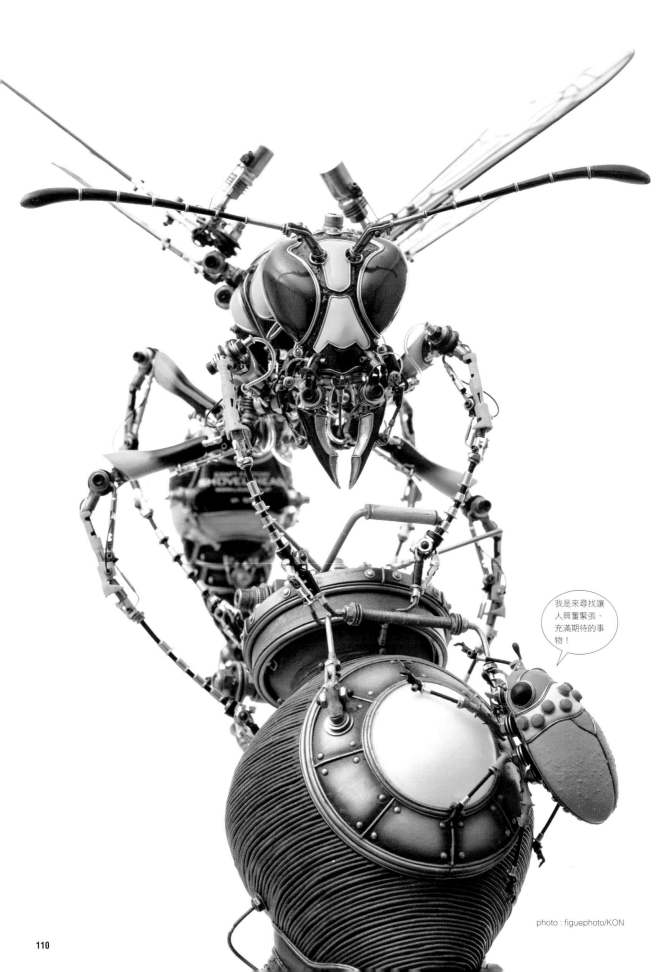

photo : figuephoto/KON

3

第3章

將各種不同素材組合
而成的原創作品

············ 展示用底座的製作方法
（支撐作品的底座製作流程）

為了要展示在第1章製作的帝王泥壺蜂，我們需要製作一個用來設置「蜂巢」的底座。另外也要製作外出狩獵的泥壺蜂正要塞進蜂巢內的「餌食用尺蠖蛾幼蟲」。實際的泥壺蜂會用泥土築一個外形看起來像酒壺的蜂巢，而我們要和泥壺蜂本體同樣使用紙黏土來塑形蜂巢本體。蜂巢要營造出如同3D列印製造出來般的感覺，外觀呈現層層堆疊的形狀，將銲錫線纏繞於外側並使用特殊塗料來呈現充滿銹斑的色彩質感。這種技法稱為舊化處理，是在製作模型時的外觀修飾，或是在蒸氣龐克風格的塑形時經常會使用到的表現手法。在此我會為各位解說如何呈現漏油或是生銹等老舊質感的表現方法。眼看著金屬板、木材、自然的流木等材料，如何透過金工或木工的技術，變身成為「獨創的展示用底座」的過程，即為本章的精髓之處。接下來就讓我來為各位介紹滿載了「塑形的基礎」的製作過程吧。

製作底座

蜂巢本體塑形

製作流程與泥壺蜂本體相同,重覆以紙黏土塑形→乾燥→定位作業→砂紙研磨的步驟來將形狀塑形出來。

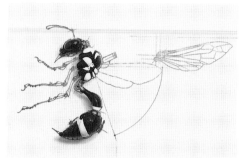

▲完成泥壺蜂本體的塗裝作業後,要決定翅膀和腳的形狀與尺寸,此時一併開始製作蜂巢。

① 由紙黏土塑形開始作業

塑形酒壺狀的蜂巢

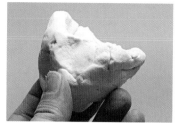

1 由蜂巢的底部開始作業。

2 以陶藝的手捏陶手法堆塑紙黏土。

3 以由內側向外按壓的方式來讓蜂巢隆起。

4 圓形的入口部分,要製作一個黏土圈…。

5 將其裝設在蜂巢的入口。

6 用手捏塑,使其與周圍結合成一體。

7 為了促進乾燥,並讓後續堆塑的紙黏土能夠更容易附著,使用錐子穿刺一些孔洞。

重覆堆塑及削磨紙黏土的作業

▲在表面畫出定位線,然後再堆塑紙黏土塑形。

▲再次重覆堆塑及削磨紙黏土的作業。

▲在酒壺的入口及開口部位畫出預定裝設的機械零件輪廓。

暫時組裝蜂巢及樹枝，思考整個結構

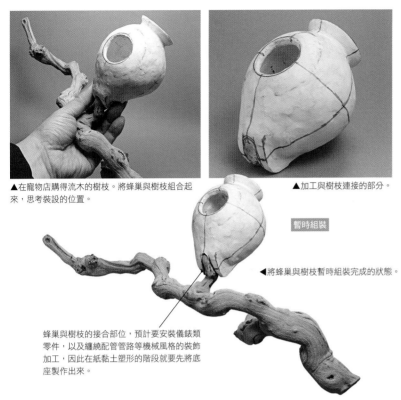

▲在寵物店購得流木的樹枝。將蜂巢與樹枝組合起來，思考裝設的位置。

▲加工與樹枝連接的部分。

暫時組裝

◀將蜂巢與樹枝暫時組裝完成的狀態。

蜂巢與樹枝的接合部位，預計要安裝儀錶類零件，以及纏繞配管管路等機械風格的裝飾加工，因此在紙黏土塑形的階段就要先將底座製作出來。

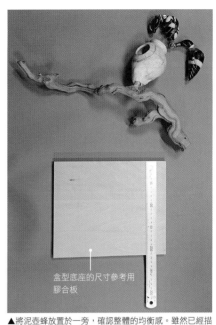

盒型底座的尺寸參考用膠合板

▲將泥壺蜂放置於一旁，確認整體的均衡感。雖然已經描繪過一次整體設計的草圖，但請不要完全受其限制，在這個時候用來固定樹枝的支柱及底座的大小、形狀應該如何調整，都要重新加以規劃。

② 接合部位的底座及內部構造的組裝

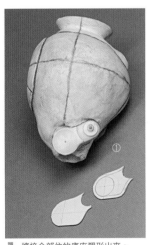

1 將接合部位的底座塑形出來。

▲外觀如同曲軸箱般形狀的零件，是使用塑膠廢材與紙張組合製作而成。

＊曲軸箱…屬於引擎本體一部分的盒狀零件。

電池BOX

2 為了能夠加工內部，製作出一個開口部。

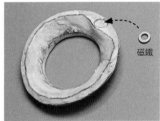

磁鐵

3 這個開口部也要當成點檢口來使用，因此要裝設一塊磁鐵，方便開關。

◀內部預計要裝設LED照明，因此要預留用來放置電源用電池BOX（單5×2顆）的空間。

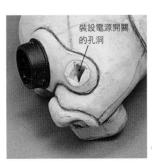

裝設電源開關的孔洞

4 對LED用的電源開關裝設部分進行加工。

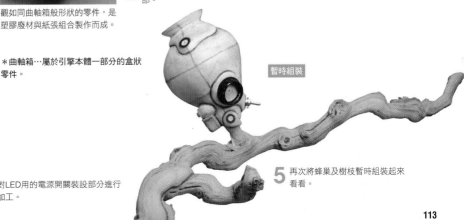

暫時組裝

5 再次將蜂巢及樹枝暫時組裝起來看看。

蜂巢的底層處理

①塑形完成後，整體塗布液態石膏打底劑。進行2次液態石膏打底劑→砂紙研磨的步驟。②金屬色的部分希望能夠看起來質感更加光滑，因此要再塗布灰色模型底漆，並以號碼更大的砂紙來整平表面。③塗布黑色液態石膏打底劑，來為表面加工作事前準備。

①塗布液態石膏打底劑，再以砂紙研磨（2次）

②筆塗灰色模型底漆，再以砂紙研磨

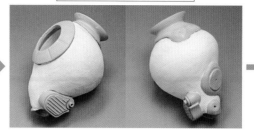

③塗布液態石膏打底劑（黑色）作事前準備

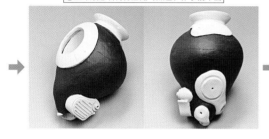

④黏貼作為基準線的銲錫線

⑤由基準線向上製作

使用銲錫線來營造出層層堆疊的質感。在中央黏貼一道作為基準線的銲錫線，然後再以此代替尺規來繼續黏貼加工。

⑥上半部黏貼完成後的狀態

⑦整體都黏貼完成的狀態

⑧點檢口裝設完成的狀態

⑨由LED的電源開關側觀察的狀態

! 不要讓銲錫線在表面排列整齊，要刻意黏貼成稍微不規則的排列方式。

⑩暫時組裝蜂巢與樹枝

暫時組裝

盒型底座與支柱的塑形

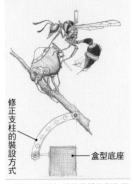

修正支柱的裝設方式

← 盒型底座

▲以113頁確認過的整體均衡為基礎，決定出底座的形狀與尺寸。

① 製作盒型底座

▶裁切下來的膠合板材料。側面×4塊，天板×1塊。使用線鋸來裁切，並將斷面整平。

天板（盒子的頂層）是正方形

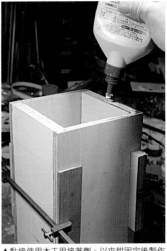

▲黏接使用木工用接著劑。以夾鉗固定後製作成盒子。

▲盒子完成了。

▲在天板加上一塊圓板，作為設計風格及補強使用。

▲在天板的中心，鑽出一個用來裝設支柱的孔洞。

▲將圓板暫時放置於天板上。

② 製作支柱

🗡 裁切鋁合金板

1 描繪原尺寸設計圖。

2 複印設計圖，以噴膠黏貼在2mm厚的鋁合金板上。

3 使用線鋸裁切。

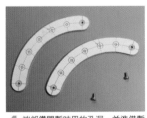

4 端部鑽開暫時用的孔洞。並準備暫時固定用的螺栓。

＊髮絲線加工…順著同一方向加上如頭髮般粗細的直線條的加工作業。

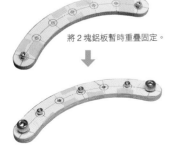

將2塊鋁板暫時重疊固定。

5 將所有孔洞都鑽開。端部是 φ6mm，中間則是 φ3mm。

6 使用平面砂輪機整平斷面。

7 使用海綿打磨塊加工整塊鋁合金板的表面。

髮絲線加工

8 加工完成後的鋁合金板。

製作裝設用的金屬零件

1 將2個黃銅螺帽M8硬銲在一起，然後以絲攻在側面鑽出孔洞。

下側金屬零件

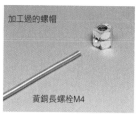

加工過的螺帽

黃銅長螺栓M4

2 將長螺栓插入加工過的螺帽，再以鉚接固定。

3 剪下所需要的長度。

4 將裁剪斷面修至平整，下側金屬零件就完成了。

上側金屬零件

5 使用裁管器將所需要長度的φ6mm黃銅管裁切下來。

6 將裁切下來的黃銅管，與黃銅螺帽M8×2個組合後硬銲在一起。

＊硬銲…接合金屬的一種方法。將合金熔填料熔化在2個零件中間，使其固定。接合面的強度比銲接的方式更高。

7 上側金屬零件完成了。

暫時組裝起來

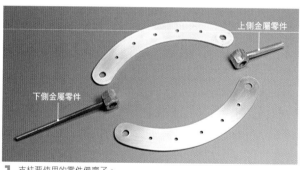

上側金屬零件

下側金屬零件

1 支柱要使用的零件備齊了。

2 先將支柱暫時組裝起來，確認整體外觀。

3 使用裁管器，將預定要套入下側金屬零件的鋁管裁切下來備用。

將盒型底座與支柱暫時組裝起來確認整體外觀

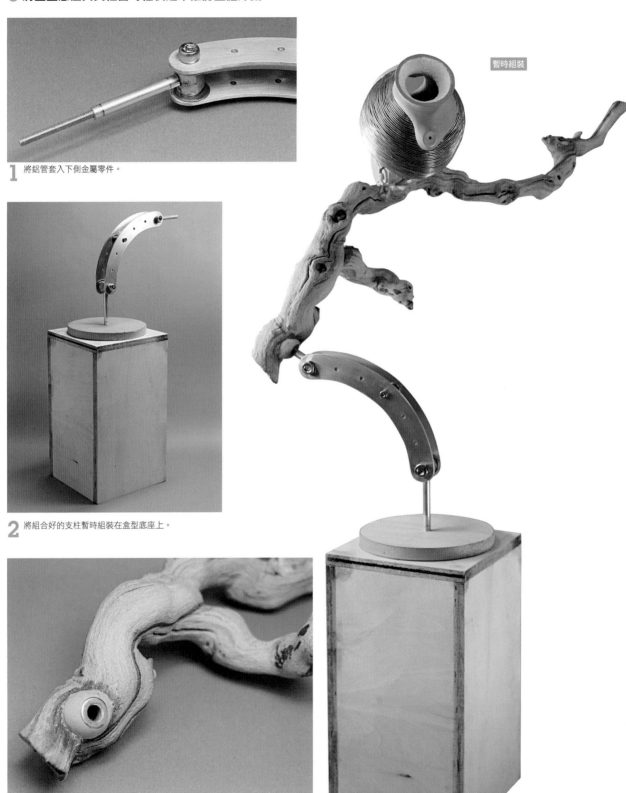

暫時組裝

1 將鋁管套入下側金屬零件。

2 將組合好的支柱暫時組裝在盒型底座上。

3 在樹枝下部鑽開一個用來裝設支柱的孔洞，周圍用環氧樹脂補土補強。

4 整體組裝起來，確認外觀的均衡感。

盒型底座與支柱的組裝

① 定位出底座的位置與製作底層

這裏要將底座的外觀營造出以金屬板貼合而成的質感。

1 以鉛筆標示出螺栓的定位位置。

2 輕輕地做出印記，方便後續的鑽孔作業。

3 刻出要黏貼銲錫線的直線刻痕。

4 塗裝完成後再黏貼銲錫線圍出框線，營造出使用螺栓固定的外觀。

5 使用鑽床鑽出孔洞。

6 以砂紙將表面整平。

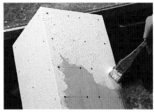
7 使用乾刷用的筆刷，以拍打的方式塗布成模膠，讓表面看起來像是鑄造物般粗糙（參考23頁）。

▲將螺栓鎖入天板，當成把手使用。

② 對底座進行塗裝，並裝設金屬零件

進行面塗作業

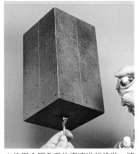

▲使用金屬色系的瓷漆進行塗裝。將「銀色」與「鐵灰色」這2個顏色如混色般噴塗在表面。

▲內部要以壓克力塗料塗成黑色。

◀深色的塗料會殘留在表面的凹陷部位，強調出凹凸不平感。然後要在螺栓的位置、黏貼銲錫線的刻痕沿線噴塗陰影效果。

黏貼銲錫線並裝設螺栓

銲錫線
（φ1.2mm）

1 在側面的外圍點塗上瞬間接著劑暫時固定。而當完成一列後，沿著銲錫線再次塗上瞬間接著劑。

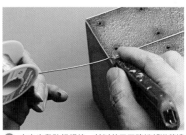
2 中央也黏貼銲錫線，並以美工刀將端部沿著邊緣切斷。

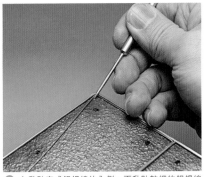

3 在黏貼完成銲錫線的內側，再黏貼較細的銲錫線（φ0.6mm）。

4 天板與側面完成黏貼銲錫線作業的狀態。

5 使用圓柱頭螺栓M3與各種不同的墊圈。 1面需要20個，因此4面一共需要準備80個。

6 使用六角起子將零件安裝到底座上。鑽開的孔洞雖然有φ3mm，但在底層處理時塗布的成模膠多少會有一些流進孔洞，讓孔洞的孔徑縮小得恰到好處，鎖進去的螺栓便不容易鬆脫。

7 螺栓裝設完成後的狀態。

8 底面的這4個角落也鎖上圓柱頭螺栓。

▲這是放置在平面上時保護塗裝使用。如果放置的地方不夠平穩，產生晃動時，可以調整螺栓的高度來使其保持平衡。

〈3〉將圓板組裝至底座的天板上

✏ 準備好材料

> ! 鋁合金板可以使用先前裁切失敗的庫存廢料，厚紙板可以使用水果箱的內襯墊板，還有塑膠容器的蓋子…如果是使用頻率高的材料，盡量保留下各種不同形狀的廢材。

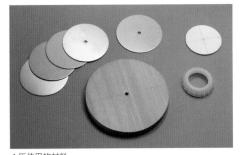

▲所使用的材料
鋁合金板×5塊、厚紙板、塑膠容器的蓋子、115頁的圓板。

▲先暫時擺放，確認整體均衡感。

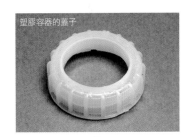

塑膠容器的蓋子

↓

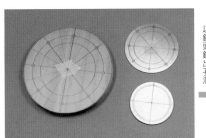

以鑽頭鑽出孔洞

▲零件要固定在鑽床上，因此要將鑽孔的位置定位出來。將5塊鋁合金板重疊固定在一起後進行作業。

▲各種零件完成鑽孔作業後的狀態。圓板上要黏貼銲錫線，因此要以錐子刻劃表面留下標記。

▲以金屬色系的「銀色」及「黑鐵色」瓷漆來進行塗裝。

準備好材料的後續

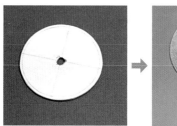

▲將厚紙板以液態石膏打底劑做底層處理後，使用砂紙將表面磨平。

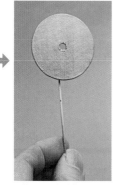

▲使用金屬色（黃銅色）的瓷漆進行塗裝。

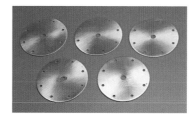

▲鋁合金板使用海綿打磨塊加工出髮絲紋。

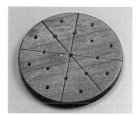

▲圓板使用油性木器著色劑上色。

▲各部位零件完成表面處理後的狀態。

將組合好的圓板安裝上去

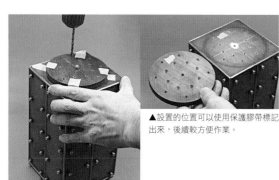

▲設置的位置可以使用保護膠帶標記出來，後續較方便作業。

1 將圓板暫時固定在底座的天板上。鑽開安裝時螺栓用的孔洞。

2 圓板的裏側。用來固定鋁合金板的螺栓孔，要從裏側鎖上螺帽，因此要事先將孔徑擴大。

3 鋁合金板重疊的時候，中間要有間隔空隙，因此要以瞬間接著劑將不銹鋼墊圈固定在裏側。

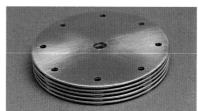

4 完成5塊鋁合金板的作業了。

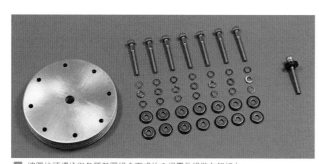

5 將圓柱頭螺栓與各種墊圈組合而成的8根零件組裝在鋁板上。

6 將零件插入鋁合金板後的狀態。

7 設置在圓板上。

8 由內側裝上螺帽。

9 以六角起子鎖緊。

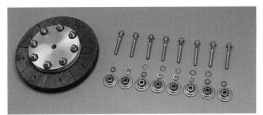

10 將組合好的圓板零件安裝到底座天板上。

11 一共要使用以圓柱頭螺栓與各種墊圈組合而成的 8 根零件。

12 以六角起子將螺栓鎖緊。

13 裏側以螺帽固定。

14 天板以圓板零件修飾加工後，整個外觀看起來相當厚重。

④ 將各種零件組裝到支柱上

▲將117頁暫時安裝上去的支柱先分解開來，再重新組裝。

✏ 準備材料

所使用的材料
116頁的鋁合金板與金屬零件、各種螺栓及墊圈。

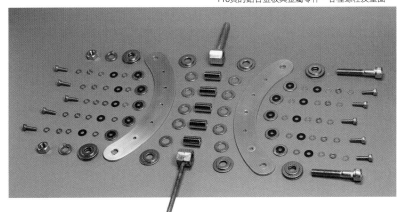

✏ 將支柱組裝起來

1 由外側朝向中央，將各零件穿進螺栓。

2 將零件插入鋁合金板，另一側以長螺帽固定。

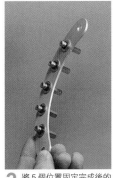

3 將 5 個位置固定完成後的狀態。

4 將上側與下側金屬零件暫時組裝在兩端部。

🖊 將支柱組裝起來的後續

5 把組裝中的支柱放置於地面,再將墊圈及套管套進長螺帽。

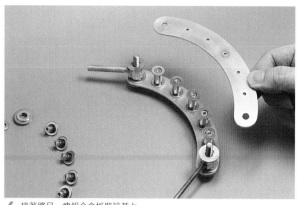

6 接著將另一塊鋁合金板裝設其上。

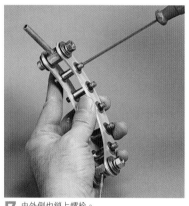

7 由外側也鎖上螺栓。

8 將上側及下側的金屬零件也鎖緊固定。

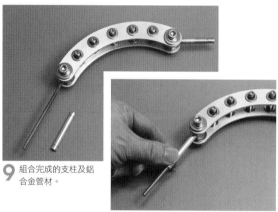

9 組合完成的支柱及鋁合金管材。

10 將鋁合金管材套進下側的長螺栓(參考116頁)。

⑤ 將支柱裝設在底座上

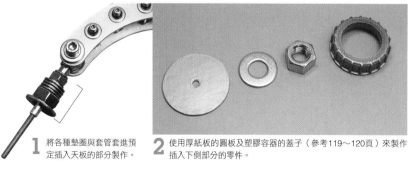

1 將各種墊圈與套管套進預定插入天板的部分製作。

2 使用厚紙板的圓板及塑膠容器的蓋子(參考119~120頁)來製作插入下側部分的零件。

3 將不銹鋼墊圈M12與螺帽以瞬間接著劑裝設在厚紙的圓板上。

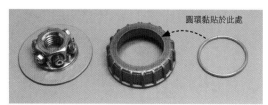

4 將電子零件及小型螺帽黏貼在螺帽上作為裝飾。然後再蓋上塑膠容器的蓋子,並且黏貼以銲錫線製作的圓環。

圓環黏貼於此處

5 將暫時組裝的零件都安裝上去。總算讓整個零件外觀看起來像是軸承的感覺。

6 使用瞬間接著劑固定。

7 因為零件容易鬆脫的關係，內部要填充環氧樹脂補土。

8 將環氧樹脂補土硬塞進去，填滿整個內部。

9 硬化後，中央以鑽台鑽出一個鋁合金管材可以穿得過去的孔洞。

10 將製作完成的零件插入下側部分。

11 將支柱暫時組裝在底座觀察看看。

暫時組裝

12 將支柱裝設在盒型底座後的狀態。

蜂巢的塗裝與各部位製作

① 底塗…茶色系列與銀色

▲114頁已完成塗裝前底層處理後的狀態。

◀將要塗裝成金屬色的部分用膠帶遮蓋起來。

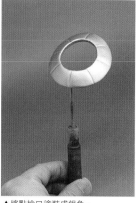

▲將點檢口塗裝成銀色。

①以瓷漆噴罐將茶色系列的4種顏色重疊噴塗。

②乾燥後，將保護膠帶拆下的狀態。

③以筆塗的方式，將先前膠帶遮蓋住的部分塗成金屬色（銀色）。

④完成底塗後的狀態。

② 面塗…噴塗陰影效果

▲在金屬色的凹陷處，以及顏色的分界邊緣，噴塗陰影色。

▲點檢口也噴塗上陰影效果。

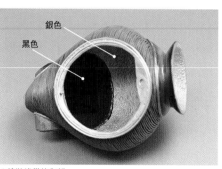

銀色

黑色

▲塗裝蜂巢的內部。

▲在點檢口的內側下方位置，以扣眼和不銹鋼製別針加工製作一個開口門擋，避免點檢口滑落到下方。

磁鐵

開口門擋

鋅錫線 邊緣黏貼

③ 製作點檢口的修飾加工

◀用來隱藏電池BOX的蓋板將成為蜂巢的底部。餌食用的幼蟲就是放置於此處。將厚紙板以液態石膏打底劑後，使用砂紙將表面磨平做底層處理。後續再以瓷漆進行塗裝。

▲在點檢口的外圍黏貼鋅錫線。然後在其外側的蜂巢表面上再黏貼一圈鋅錫線。

製作點檢口的窗戶

在點檢口的中央裝設一個半球形的窗戶。可以拿食物包裝盒之類的透明軟質PVC板來再利用。萬一沒有適合的尺寸，市面上也有販賣現成的素材。

＊軟質PVC板…由聚氯乙烯材質製成的板材。

1 為了要讓內部光線能夠穿透出來，使用透明的素材。

2 量測窗戶的外形尺寸。

3 將尺寸複寫在軟質PVC的半球上。

4 用剪刀將半球剪下。

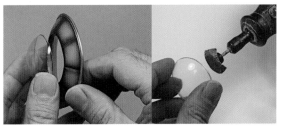

5 配合點檢口的開口部位形狀，使用電動刻磨機削磨邊緣。

6 內側以瓷漆進行塗裝。

使用黃銅製的昆蟲針，營造出由鉚釘固定的外觀。

7 為了要讓內部的光線能夠穿透，使用「珍珠白」來塗裝。

8 使用瞬間接著劑將點檢口裝設上去，再以銲錫線進行裝飾。

9 完成將點檢口裝設在蜂巢的狀態。

④ 修飾加工蜂巢的入口

材料的準備

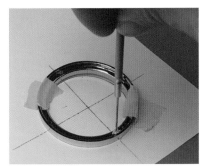

1 手邊剛好找到一個符合蜂巢入口尺寸的塑料廢品（雙層環），便拿來使用於開口部分的補強，並當作蓋板零件的底層。為了方便裝設於蜂巢時用來固定，以精密手鑽在零件上鑽出2個孔洞。

2 將鑽開2個孔洞的塑料環覆蓋在蜂巢入口，並將昆蟲針刺進孔洞固定。

3 為了配合塑料環的尺寸，將銲錫線以及厚紙板分別製作成環，然後套疊在一起。

🖋 製作蜂巢入口的蓋板

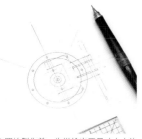

▲開始製作前，先描繪出原尺寸大小的設計圖。為了要營造出厚重堅固的蓋板外觀，特地參考了銀行金庫門的設計。

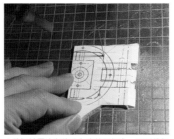

▲將設計圖複印後貼在肯特紙板上，再用線鋸切割下來。

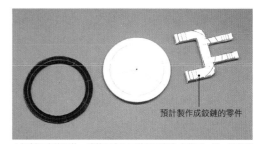

預計製作成鉸鏈的零件

▲切割下來的零件。雖然厚度不同的紙張顏色有些不一樣，但後續還要上色處理，因此不需要在意。

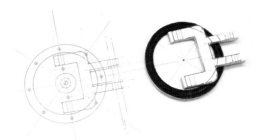

▲設計圖與暫時組裝起來的紙零件。

▲蓋板側的鉸鏈部分需要增加強度。只靠厚紙板太過脆弱，裏側要用黃銅材來補強。為了要將黃銅材隱藏起來，還要以環氧樹脂補土覆蓋其上，順便增加厚實感。

▲環氧樹脂補土硬化後，以砂紙研磨表面，塑形成為鉸鏈。

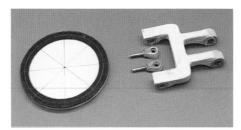

▲接著要將零件暫時組裝起來。

暫時組裝

▲連同蜂巢一起確認一下形狀。

🖋 蓋板的底層處理〜實施塗裝備用

1 塗布液態石膏打底劑，再以砂紙研磨整平表面後的狀態。

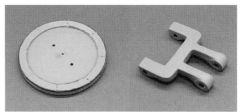

2 塗布灰色模型底漆後，以細砂紙將表面研磨至光滑。

3 金屬零件直接以瓷漆塗裝。

4 將各零件以瓷漆塗裝完成後的狀態。

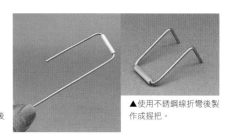

▲使用不銹鋼線折彎後製作成握把。

🔖 進行蓋板裝設作業

▶使用銲錫線、各種墊圈、螺帽等修飾加工蓋板及鉸鏈，然後以瞬間接著劑固定後組裝。

1 在蜂巢上鑽出一個用來埋設長螺帽的孔洞。

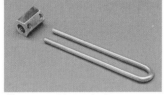

2 用來開關蓋板的鉸鏈零件。

3 以銲接方式固定。

4 折彎零件，暫時組裝，決定長度。

塗布金屬用環氧樹脂補土。

細節精細化加工

5 調整長螺帽在蜂巢上的埋設狀態，並將鉸鏈與蓋板組合起來。

6 使用金屬用環氧樹脂補土將鉸鏈零件固定在蜂巢上。

7 確認蓋板的開關狀態。

. . . .

🔖 細節精細化加工成更接近金庫門的外觀

▲使用裝飾螺帽（滾花螺帽）及不銹鋼線。將螺帽鑽孔，並以剪線器將不銹鋼線剪斷做好材料準備。

◀將不銹鋼線插進螺帽的鑽開的孔洞後固定，然後再追加其他零件。

▲使用瞬間接著劑進行組裝，再以各種螺栓、螺帽、墊圈等零件修飾加工。然後裝設在蓋板上。

⑤ 製作照明及修飾加工蜂卵

📍 製作照明

在蜂巢的裏側裝設照明來照亮泥壺蜂所產下的蜂卵。決定好裝設位置後，開始進行作業。

以瓷漆塗裝

▲用來隱藏電池BOX的底板完成了。

▲決定好LED的位置。

▲在電池BOX到LED裝設位置之間，以電動刻磨機削磨出一道埋設配線用的溝槽。

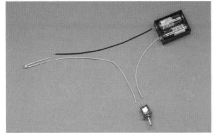

▲所使用的材料
LED（φ3mm，3.0∨，燈泡色），配電線，電源開關、電池BOX、單5乾電池×2顆。

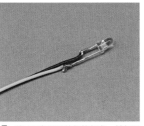

1 將LED與配電線銲接起來，並包覆熱收縮管來保護。

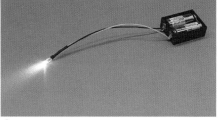

2 接上電池，確認LED是否正常發光。

3 設置LED，確認光的方向後固定起來。

4 將電源開關也與配電線銲接在一起，作好準備。

電源開關

5 將電源開關插入安裝用的洞孔後固定起來。

6 最後要將配電線與電池BOX銲接在一起。

▲電池BOX在蜂巢內裝設完成的狀態。

▲裝上乾電池，確認電源開關的ON・OFF是否能讓LED點燈・熄燈。

▲使用紙黏土將蜂巢內壁用來配線的溝槽回填。後續要以成模膠來進行底層處理，再以瓷漆重新塗裝，並修飾到與周圍合為一體。

📍 製作蜂卵

▲為了讓蜂卵能夠透光，使用透明黏土製作。

1 切下所需分量的主劑。

2 依照說明書的指示，取出硬化劑。以目測分量即可。混合時盡可能不要用手直接接觸到黏土，以免黏土變得混濁。

3 使用乾電池或是筆之類的棒狀物來混合會比較好作業。

128

混合完成後的透明黏土

4 將黏土塑形，等待硬化。

5 硬化後，拿近LED確認光線的穿透狀況。接著纏繞粗細不一的銲錫線來呈現外觀模樣。

使用Y型端子與銅線

6 製作蜂卵的支撐臂。

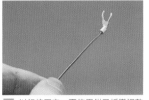

7 以銲接固定，再使用鉗子折彎調整形狀。

8 裝設各種墊圈來修飾加工。

將蜂卵裝設至蜂巢

1 將蜂卵與支撐臂暫時組裝起來，決定好要裝設的位置。

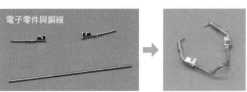

電子零件與銅線

2 製作用來細節精細化加工支撐臂的零件。

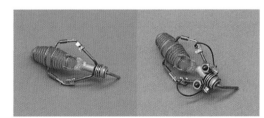

3 預先將蜂卵與支撐臂組合在一起。

4 將蜂卵與支撐臂裝設在蜂巢內部，點亮LED。

▲將蜂卵與支撐臂裝設在蜂巢內部，點亮LED。

蜂巢的細節精細化處理與裝設作業

①　細部的修飾加工

將零件裝設在蜂巢上修飾加工完成後，接著裝上樹枝。

製作連接部分

1 將豆漿罐的蓋子切下後進行塗裝。

2 裝設在蜂巢上，再以銲錫線來補強。連接蜂巢與樹枝的管材類零件預定要裝設於此處。

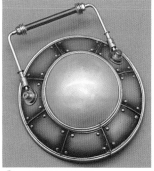

3 在點檢口上裝設把手。

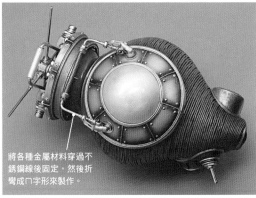

將各種金屬材料穿過不銹鋼線後固定，然後折彎成ㄇ字形來製作。

4 端部使用壓接端子，然後對把手的基部進行細節精細化處理。最後將點檢口設置在蜂巢上。

▲將蜂巢與樹枝暫時組裝起來觀察。

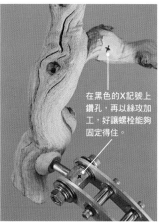

在黑色的X記號上鑽孔，再以絲攻加工，好讓螺栓能夠固定得住。

▲樹枝會因為自體的重量而轉動，所以要準備防止轉動的零件。

製作防止轉動的零件

暫時組裝起來確認尺寸。

1 將支柱分解，取出插入樹枝的零件，以黃銅材製作防止轉動用的零件。

2 以砂紙研磨樹枝側的補土部分。然後以灰色模型底漆將表面整平。

3 以瓷漆進行塗裝，使用墊圈及銲錫線修飾加工。

4 將用來插入樹枝的零件裝上。

5 製作彈簧狀的零件，營造出如同懸吊系統般的外觀。這裏使用的是「自遊自在」的塑膠皮披覆金屬線。

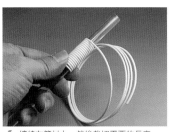

6 纏繞在管材上，然後裁切需要的長度。

7 配合裝設部分的尺寸，進行長度的微調。

＊懸吊系統…用來連接車輛的車輪部分與車體，行駛中可以吸收振動，使車體穩定的裝置。

② 將蜂巢固定在樹枝上

確認裝設的位置及角度後開始作業。

✎ 使用接著劑黏接

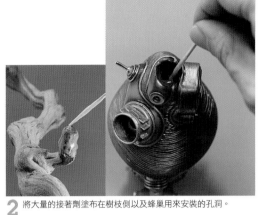

1 使用 2 劑式環氧樹脂接著劑（5 分鐘硬化型）。將 2 劑充分攪拌混合。

2 將大量的接著劑塗布在樹枝側以及蜂巢用來安裝的孔洞。

3 將樹枝插入蜂巢，並在兩者之間使用支撐物固定，以免硬化前位置產生變化。將溢出的接著劑擦掉。

✎ 進行細節精細化處理

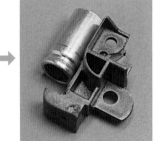
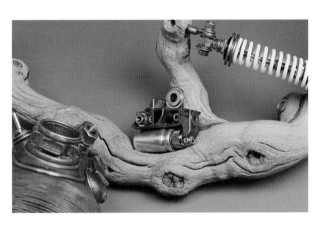

▲在廢棄材料保管箱中，選擇可以用來進行細節精細化處理的零件。挑選了一個塑料廢材，將所需要的部分裁切下來，塗裝成金屬色。並與另一個零件（電容器殼）組合起來。使用各種墊圈、螺帽、扣眼等進行裝飾後，安裝在樹枝上。

1 以電鑽由蜂巢表面朝向樹枝鑽一個貫穿孔。

2 插入黃銅棒，再以接著劑固定。

黃銅棒即為防止轉動的阻擋裝置。

3 後續要在前端裝設管材類零件，因此先以金屬材料修飾周圍。

4 底座整體組合完成的狀態。

③ 進行蜂巢與樹枝的配管作業

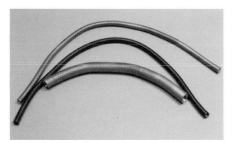
▲所使用的材料
塑膠材質外觀如線圈狀的管材
準備2種不同外徑的管材，進行蜂巢及樹枝的配管作業。裁切下較所需長度稍長的尺寸，以瓷漆噴罐塗裝成為銀色系列的金屬色。一共要使用3根顏色各有風味的管材。

> ⚠️ 配管的只要長度稍有不同，都會影響到呈現出來的彎曲弧度以及外觀的印象，因此要以mm為單位調整成自己喜歡的形狀。

▲裝設用的零件。

▲將零件裝設在蜂巢側的狀態。

▲樹枝側的裝設用零件。

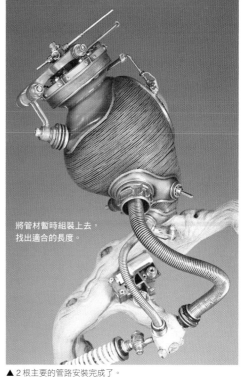
將管材暫時組裝上去，找出適合的長度。

▲2根主要的管路安裝完成了。

▲將第3根管材安裝用的零件塗裝成金屬色，然後裝設在樹枝上。 以昆蟲針固定。

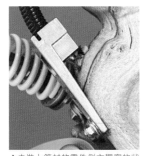
▲由裝上管材的零件側方觀察的狀態。

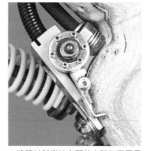
▲將管材與樹枝之間的空隙加工至看起來自然。

▲使用電子零件等常用的材料，針對細部作修飾。

黃銅棒
▲使用銲錫線與墊圈修飾加工廢材。

觀察蜂巢與樹枝的整體均衡，再追加更多零件。以「蜂巢的內部溫度調整空調機」為印象進行製作。

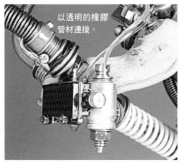
▲將裝設在裏側的黃銅棒，插入樹枝上鑽開的孔洞後固定。

以透明的橡膠管材連接。
▲以電容器填補空隙，將外觀製作成看來像是複雜的裝置。製作時的印象是「冷卻液用的貯存桶槽及相關配管」。

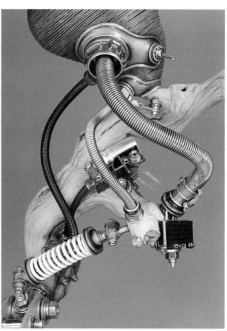
▲大致上的外觀分量感製作完成了。

進一步細節精細化處理

蜂巢和樹枝整體的尺寸都已經過設計決定，因此這裏不要太過於擴張外部的尺寸，而是要以內側為主進行修飾加工。接下來要對曲軸箱般的形狀部分追加細節裝飾。

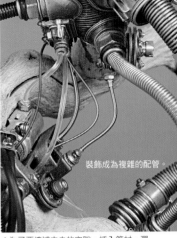

▲和先前一樣，使用塑料廢材。並裝上墊圈、螺帽來修飾。

▲裝設至蜂巢側的狀態。

▲裝飾成為複雜的配管。

▲為了要填補中央的空隙，插入管材、彈簧、橡膠管等零件作為裝飾。

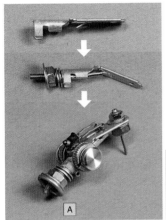

A

正面側也裝上零件（A）。

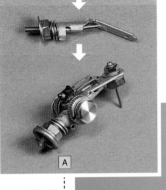

▲固定成像是連接蜂巢及樹枝一般。

◀在周圍的樹枝上裝設橡膠管及彈簧零件。

◀樹枝的節孔也使用零件填補。

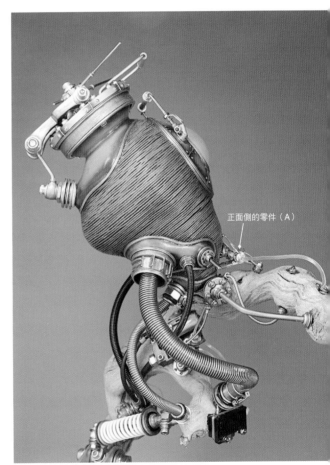

正面側的零件（A）

▲進行細節精細化處理後的狀態。

▲①使用環氧樹脂接著劑將墊圈黏貼在樹枝的斷面，並將銲錫線修飾外框。

▲②鑽開一個φ6.0mm的孔洞，埋進一個長螺帽。

▲③以各種墊圈及螺帽製作成零件。

▲④使用六角起子將零件安裝上去。

④ 蜂巢的完工修飾及舊化處理

進行補強

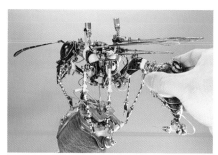

▲將泥壺蜂暫時組裝上去，研究一下看哪裏需要修改。

泥蜂壺的腳要抓在蜂巢上部，因此裝飾加工入口蓋板時要一併補強。

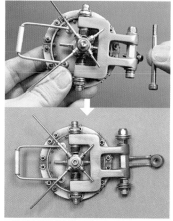

▲將用來開關蓋板的鉸鍵螺栓稍微加長，讓後腳能夠更容易抓得住。

▲進行各部分的細節精細化處理，重新安裝蓋板。

營造出漏油污損的質感

為了要與外觀充滿光澤的泥壺蜂質感形成對比，整個底座要以消光處理來修飾。並且要讓蜂巢呈現出經年累月形成的銹斑、油污及灰塵造成的污損質感。

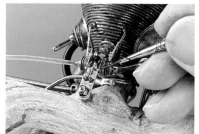

▲將黑鐵色及黑色瓷漆塗料以稀釋液稀釋後，筆塗在表面營造出佈滿油污的質感。

▲描繪成長條狀，看起來就像是油污被雨水沖刷過似的。

呈現出生銹的質感

▲使用的材料
這是名為「さびてんねん」的金屬鏽化效果漆。將A液（主劑）與B液（顯色劑）塗布之後，會發生化學反應製造出紅色鏽斑。

▲首先用筆刷塗布A液。感覺就像是將鐵粉溶於水的溶液，因此要在瓶內充分攪拌後使用。

▲以面紙之類保護好底座的支柱部分，再進行作業。

這種塗料即使塗布在金屬以外的部分，也會形成真正的銹斑，因此不容易控制效果的程度與範圍。要將色劑分成數日分次塗布，並謹慎使用。準備2根筆刷，分別專用於A液、B液。

▲①A液塗布完成後的狀態。

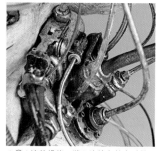

▲②A液乾燥後，將B液塗在其上（第1次）。約30分鐘～1小時後，黑色的鋼鐵色逐漸變化成紅色的鐵銹色。

▲③經過半天後，再將B液塗布在其上（第2次）。修飾出來的效果大致符合預期。

進一步塗裝，呈現經年累月的外觀

可能會覺得有些部位的色澤還是太過平均，或是生銹的效果強度不夠，像這樣不甚滿意之處，要進一步塗裝修飾加工。

橘色塗料　　　黃色塗料

▲將透明塗料以稀釋劑調淡。

▲塗布在透明的橡膠管上，呈現材質劣化的質感。

▲使用粉彩來表現灰塵的質感。以砂紙研磨後，溶於琺瑯漆稀釋劑中，再以筆刷塗布在看起來會堆積灰塵的部位。

▲乾燥後，使用沾上琺瑯漆稀釋劑的綿花棒擦拭表面來調整調子。

▲以塗裝的方式，進一步強化生銹的質感。將數種茶色系塗料混合出自己喜歡的2～3種不同顏色，塗布在表面就能製造出不同變化。

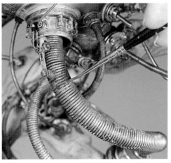

▲請不要試圖一次全部修飾完成，要將稀釋調淡後的塗料，分成數次重覆塗布。

▲當生銹極為嚴重時，表面會呈現出比茶色還要顯眼的亮橘色，因此在部分生銹位置塗布橘色塗料，看起來會更有真實感。

▲筆塗之後使用綿花棒之類的工具擦拭表面。像這樣在製作過程中找出屬於自己的獨特表現手法也是樂趣之一。

底座製作完成了

▼將整體噴塗透明消光保護漆，降低表面的光澤程度。

▲蜂巢周圍完成舊化修飾加工後的狀態。

由尺蠖蛾幼蟲的本體塑形到組裝

① 紙黏土成形與底層處理

一共要製作「被泥壺蜂捕捉的前後」與「蜂巢內部用」這2種形態合計5隻幼蟲。製作流程與泥壺蜂相同。

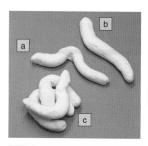

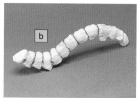
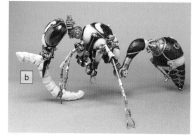

1 以紙黏土塑形幼蟲。一般狀態下的形狀（a）、被泥壺蜂捕捉到的狀態（b）、蜂巢內部用（c）。

2 將泥壺蜂與幼蟲暫時組合在一起的狀態。

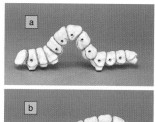
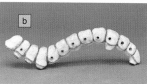
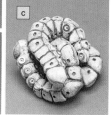

▲繼續製作蜂巢內部用的幼蟲。

▲將3隻幼蟲組合形成一整塊的外觀。

▲確認尺寸大小及是否能夠放入蜂巢。

3 塑形完成到一個階段的狀態。重覆進行紙黏土塑形→找出定位→砂紙研磨的作業。

4 塗布液態石膏打底劑，噴塗灰色模型底漆後，將氣門的孔洞鑽開。

＊氣門…昆蟲用來呼吸的開口部分。

5 事先準備好一支用來裁剪砂紙的剪刀，比較方便作業。

6 將砂紙折疊起來，使用折角的邊緣部分。

7 以240號→320號→400號的順序，逐漸換成較細的砂紙進行加工。

② 塗裝的底塗・面塗

▲使用瓷漆進行底塗。塗布成白色讓後續塗裝顯色的效果更好。將a b 2種形態塗裝成綠色。蜂巢內部用的幼蟲c是為了孵化出來的泥壺蜂幼蟲準備的食物，已經遭到麻醉並呈現半僵屍化的狀態，因此要塗裝成變色的色調。

▲使用消光白來做底塗，再使用2種綠色來著色。

▲輪流噴塗黑色與金屬色，呈現混色的效果。

▲頭部以筆塗裝成銀色。

▲在身體各節之間噴塗陰影，強調凹陷的部分。明亮的部分則用細畫筆以雨水滴落般的筆法塗布白色及黃色系的顏色。

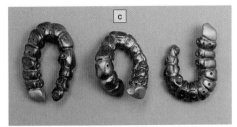

▲將蜂巢內部用的幼蟲頭部也塗裝成銀色。

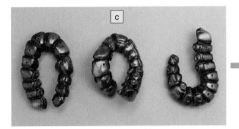

▲使用油漆噴槍噴塗陰影效果作為面塗。

▲將噴塗陰影效果後的蜂巢內部用的幼蟲暫時組裝起來。

③ 綠色的幼蟲⋯裝設金屬材及各部位零件

✎ 黏貼金屬材

1 沿著身體各節之間的凹陷部分，點上瞬間接著劑，固定銲錫線。

2 在腹側重疊的銲錫線以美工刀裁切下來。

3 使用錐子等工具，將銲錫線的連接部分壓合。

4 將銲錫線的連接部分以瞬間接著劑固定牢靠。

5 將墊圈裝設在腳的基部。

6 將扣眼插入氣門。

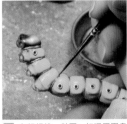

7 在銲錫線、墊圈、扣眼周圍畫上墨線。

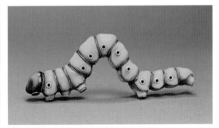

8 裝設金屬材後，更加強調出凹凸起伏。

✎ 製作步腳

1 在腹側的步腳部分鑽孔。

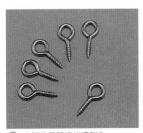

2 步腳使用單眼扣環製作。

＊步腳⋯生長在幼蟲的胸部，負責用來步行的3對腳。

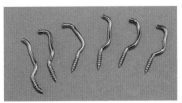

3 以尖嘴鉗延伸成任意的形狀。

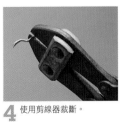

4 使用剪線器裁斷。

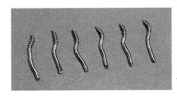

5 將步腳的零件整理成為長度與形狀都恰當的狀態做好準備。

製作步腳的後續

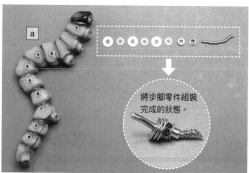

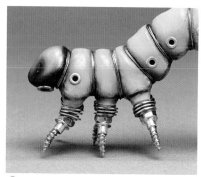

6 使用墊圈、螺帽、扣眼等零件裝飾加工腳的基部。

7 插入孔洞中，確認長度及方向等均衡感。

8 將步腳裝設完成的狀態。

製作口器

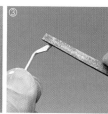

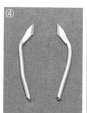

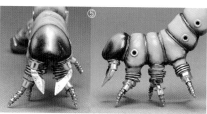

1 為了要營造出較實際幼蟲更為兇暴的形象，因此要加裝如同獨角仙幼蟲般的大顎，並且加以強調誇飾。①以鐵槌敲打銲錫線的前端。②敲平延展後的狀態。③以銼刀修飾成銳角。④塑形完成了。⑤裝設在本體後的狀態。

2 進一步進行口器的細節精細化處理。

▲綠色的幼蟲幾乎完成了的狀態。身體後方的疣足（腹腳與尾腳）要使用各種墊圈、螺帽、軸承珠（鋼珠）來製作。

▲裝上口部及腳部後，外觀看起來更像幼蟲了。最後還要觀察整體的均衡感，進行微調整。

▼將幼蟲與泥壺蜂暫時組裝起來的狀態。被蜂針螫刺後無法動彈的幼蟲（b）。

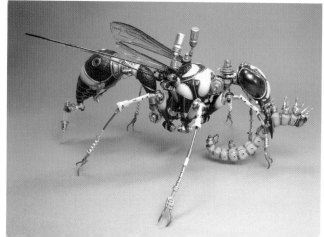

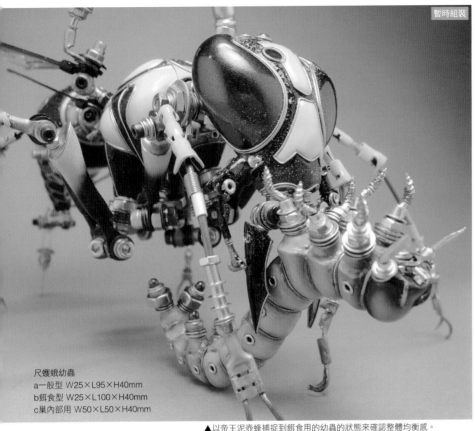

尺蠖蛾幼蟲
a一般型 W25×L95×H40mm
b餌食型 W25×L100×H40mm
c巢內部用 W50×L50×H40mm

▲以帝王泥壺蜂捕捉到餌食用的幼蟲的狀態來確認整體均衡感。

修飾完工

▲以腳部為中心進行舊化處理。

▲噴塗消光保護漆作為修飾,營造出外表柔軟的質感。

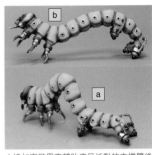

▲追加安裝用來輔助疣足活動的支撐臂後就完成了。

④ 銅色的幼蟲…裝設金屬材及各部位零件

1 在頭部的邊界以及體節之間裝飾銲錫線,並將墊圈、氣門及扣眼裝設在腳的基部。

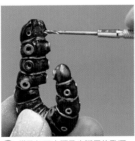

2 鑽孔加工大顎及步腳用的孔洞。

3 裝上大顎後,將2隻毛蟲組合在一起。

4 不希望腳部太過顯眼,因此只使用單眼螺栓及銲錫線圈製作。

5 將腳部的形狀配置成2隻幼蟲交纏在一起的感覺。

6 接著再加上第3隻,並且裝上步腳及疣足。

7 放入蜂巢中,確認整體氣氛。

8 打開蜂巢的入口蓋板,再由上方窺看的狀態。和綠色幼蟲相同,最後要噴塗消光保護漆作為完工前的修飾。

底座完成　將帝王泥壺蜂裝設其上

底座製作完成了。接下來要將第 1 章製作的主角——帝王泥壺蜂裝設在蜂巢之上，試著擺出各種不同的動作來營造場景的演出。

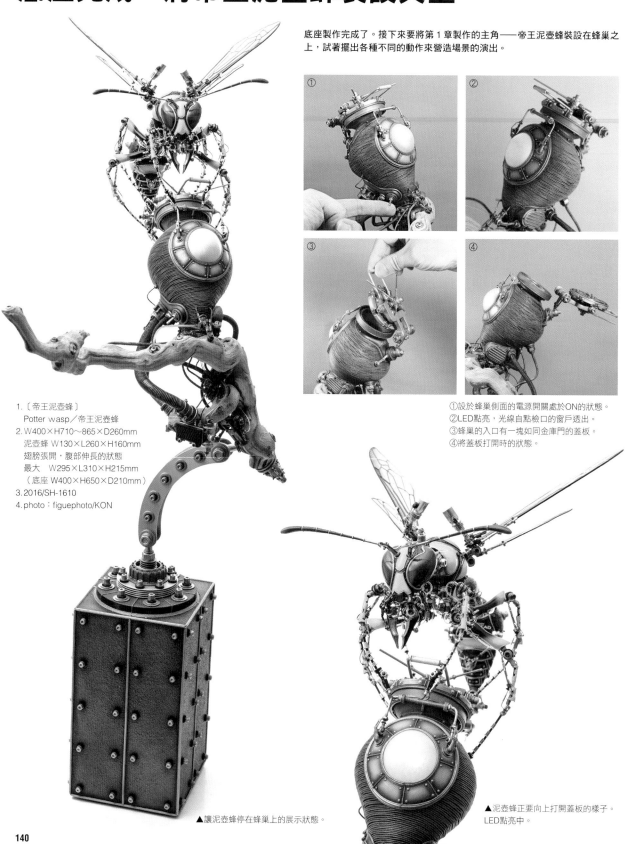

① ② ③ ④

1.〔帝王泥壺蜂〕
　Potter wasp／帝王泥壺蜂
2. W400×H710〜865×D260mm
　泥壺蜂 W130×L260×H160mm
　翅膀張開，腹部伸長的狀態
　最大　W295×L310×H215mm
　（底座 W400×H650×D210mm）
3. 2016/SH-1610
4. photo：figuephoto/KON

①設於蜂巢側面的電源開關處於ON的狀態。
②LED點亮，光線自點檢口的窗戶透出。
③蜂巢的入口有一塊如同金庫門的蓋板。
④將蓋板打開時的狀態。

▲讓泥壺蜂停在蜂巢上的展示狀態。

▲泥壺蜂正要向上打開蓋板的樣子。
LED點亮中。

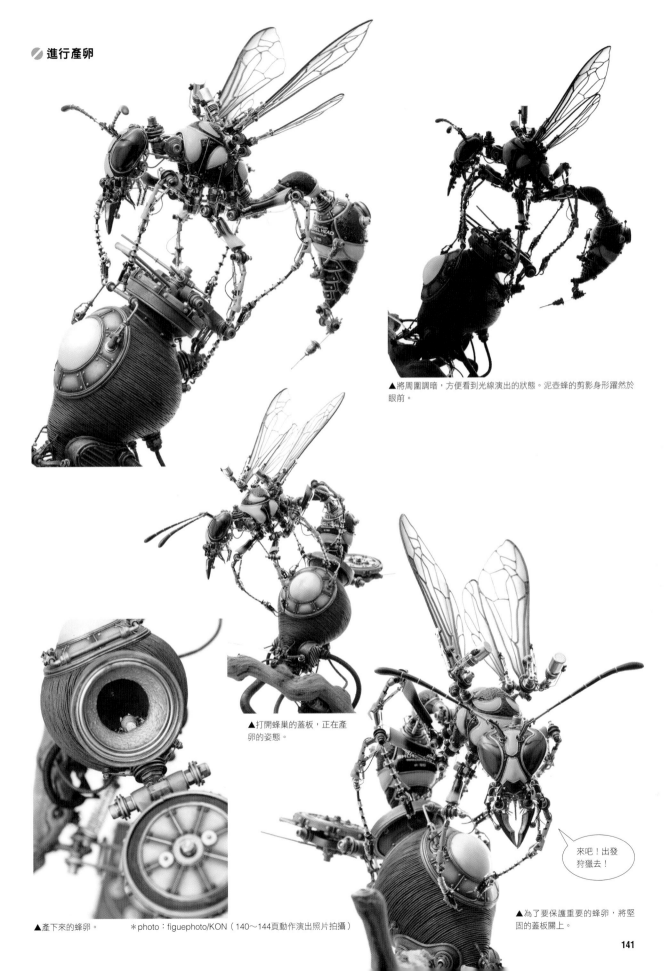

進行產卵

▲將周圍調暗，方便看到光線演出的狀態。泥壺蜂的剪影身形躍然於眼前。

▲打開蜂巢的蓋板，正在產卵的姿態。

來吧！出發狩獵去！

▲產下來的蜂卵。

＊photo：figuephoto/KON（140～144頁動作演出照片拍攝）

▲為了要保護重要的蜂卵，將堅固的蓋板關上。

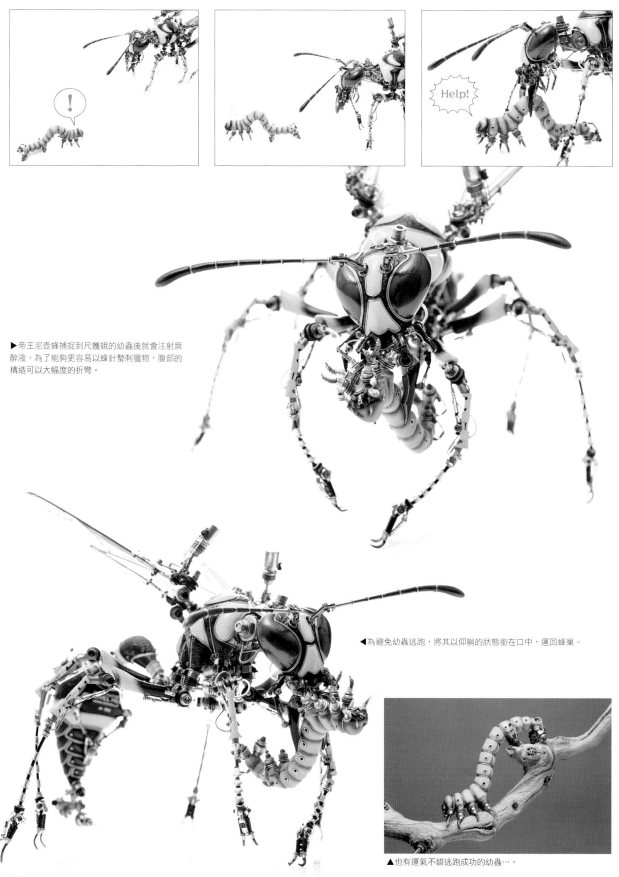

▶帝王泥壺蜂捕捉到尺蠖蛾的幼蟲後就會注射麻醉液。為了能夠更容易以蜂針螫刺獵物,腹部的構造可以大幅度的折彎。

◀為避免幼蟲逃跑,將其以仰躺的狀態銜在口中,運回蜂巢。

▲也有運氣不錯逃跑成功的幼蟲…。

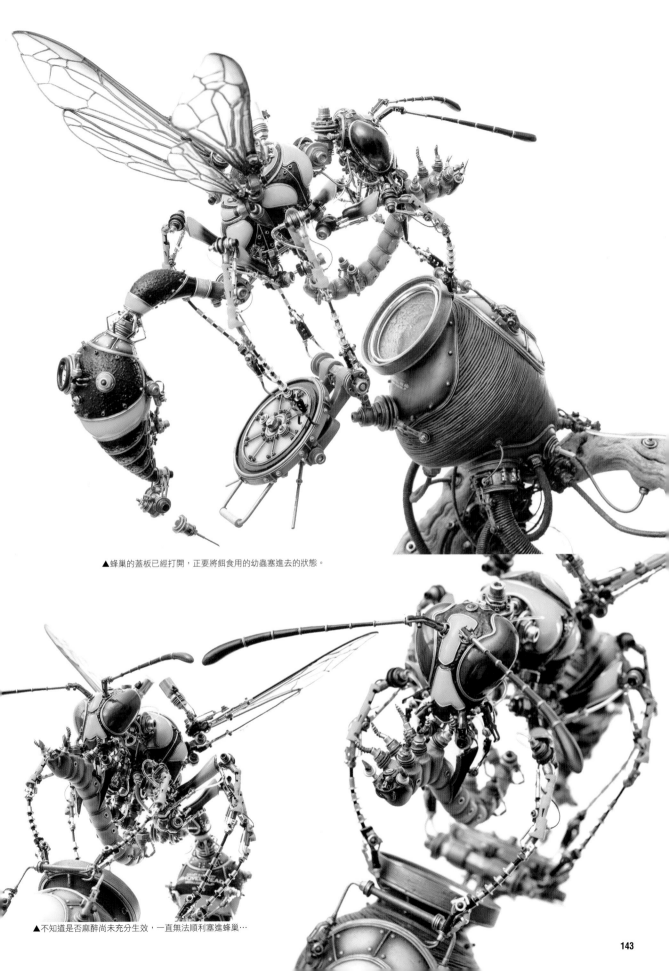

▲蜂巢的蓋板已經打開，正要將餌食用的幼蟲塞進去的狀態。

▲不知道是否麻醉尚未充分生效，一直無法順利塞進蜂巢⋯

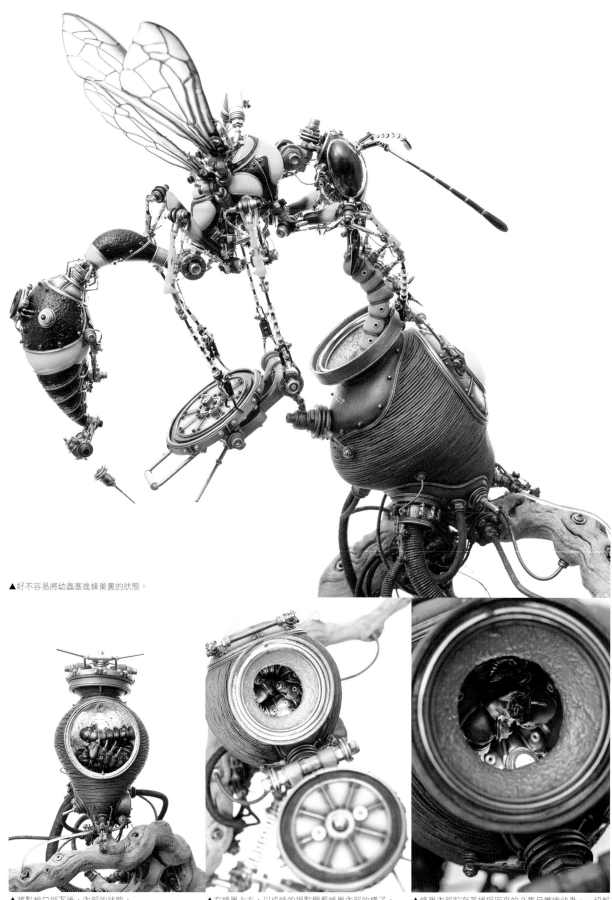

▲好不容易將幼蟲塞進蜂巢裏的狀態。

▲將點檢口拆下後，內部的狀態。

▲在蜂巢上方，以成蜂的視點觀看蜂巢內部的樣子。

▲蜂巢內部貯存著捕捉回來的 3 隻尺蠖蛾幼蟲。一切都
是為了下一代…。

第4章 從過去到現在的原創作品

·········· 各式各樣不同的機械昆蟲

作者長久以來製作過各式各種不同類型的作品。這些作品群的創作靈感有實際存在的生物，也有來自幻想中的生物，統稱為「機械變種生物」。

本書聚焦在這些作品中不只限於狹義的昆蟲，同時包括節足動物在內的廣義「昆蟲」上。為各位刊載介紹各種「機械昆蟲」作品、製作過程中珍貴的記錄照片、以及作品的製作意圖解說。為了方便採取各種不同角度來鑑賞每一件立體作品，特以刊載整體作品以及部分特寫的方式呈現。

Antlion larva ＋ Ant／蟻獅＋日本山蟻

1. 〔Conic Pit Trap〕（參考2頁）
   Antlion larva ＋ Ant/
   蟻獅（蟻蛉的幼蟲）＋日本山蟻
2. W185×H365×D120mm
3. 2015/SH-1501

＊photo：figuephoto/KON（146～
147頁的整體照片及作品特寫）

▲天花板的LED直接照在昆蟲身上，
以壓克力板覆蓋的地板開口部，透出
底下光線，將整個祕密基地襯托出詭
異的氣氛。

▲蟻獅的巢穴內部會是怎麼樣的景色呢…我從孩童時代就
一直在幻想有這麼一座隱藏在砂土之下的祕密基地。底座
的外框使用膠合板製作，漏斗部分則以厚紙板製作。漏斗
部分的底部裝設了照相機的「光圈」作為機關，可以藉由
推動把手來讓入口處開關。

▲日本山蟻好像隨時就要掉進陷阱。

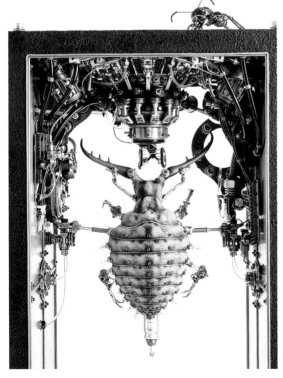

▲只要一失去平衡，巢穴的開口就會張開，將山蟻捕食…。

◀蟻獅就處在漏斗下方的機庫中心位置，等待獵物由
上方摔落。中腳的前端以螺栓固定在底座上。

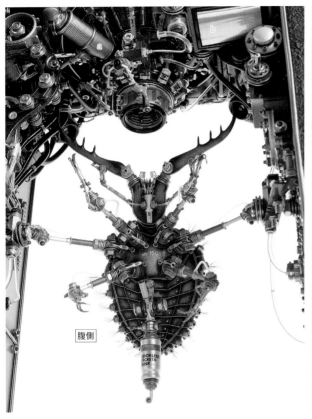

腹側

a 這裏是一個把手，以用來開關漏斗的開口。 b LED照明用的電池盒。

▲將LED照明打開後的狀態。

🔖 製作方法

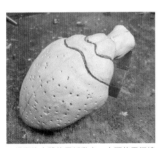

▲蟻獅的本體使用紙黏土，大顎使用銅線作為芯材，包覆環氧樹脂補土製作。

▲腹側塗裝成金屬色，背面則塗裝成明亮的茶褐色。

◀正在以紙黏土塑形日本山蟻本體的階段。

◀完成塗裝與黏貼銲錫線，將頭部、胸部、腹部暫時組裝起來的狀態。

*蜂巢結構…以木材組成框架，表面貼上薄木片裝飾的膠合板。

▲底座使用的是椴木膠合板（蜂巢結構），漏斗部分則使用厚紙板製作。

▲塗裝成金屬色，地面開口部分裝設好壓克力板的狀態。

Hump Earwig／蠼螋

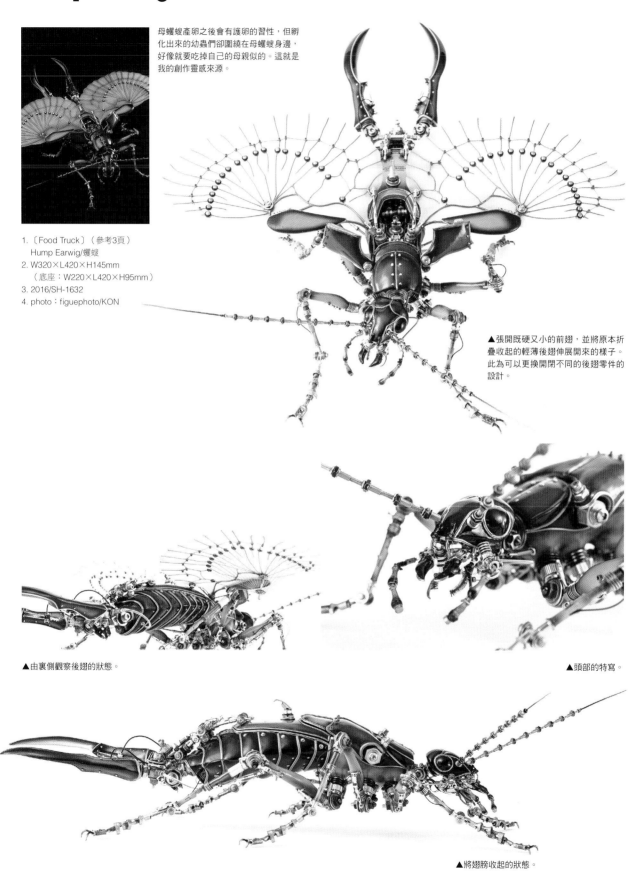

母蠼螋產卵之後會有護卵的習性,但孵化出來的幼蟲們卻圍繞在母蠼螋身邊,好像就要吃掉自己的母親似的。這就是我的創作靈感來源。

1. 〔Food Truck〕（參考3頁）
   Hump Earwig／蠼螋
2. W320×L420×H145mm
   （底座：W220×L420×H95mm）
3. 2016/SH-1632
4. photo：figuephoto/KON

▲張開既硬又小的前翅,並將原本折疊收起的輕薄後翅伸展開來的樣子。此為可以更換開閉不同的後翅零件的設計。

▲由裏側觀察後翅的狀態。

▲頭部的特寫。

▲將翅膀收起的狀態。

▲母蠅螋為了避免被吃掉，進化成為可以隨身貯存餌食供應幼蟲進食的設定。

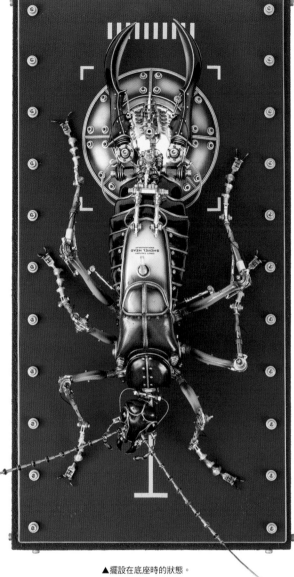

▲將收納的桶槽取出時的狀態。

▲擺設在底座時的狀態。

▲表現出正在產卵的樣子。

Robust Cicada／鳴蟬

1.〔羽化／蛻蟟（鳴蟬）〕（參考4頁）
　（Robust）Cicada/鳴蟬
2. 整體：W330×H420×D210mm
　鳴蟬：W70×L175×H110mm
　脫殼：W95×L100×H60mm
3. 1999/SH-9935
4. photo：Ryuichi Okano
日經「Win-PC」1999年9月號封面作品擺飾

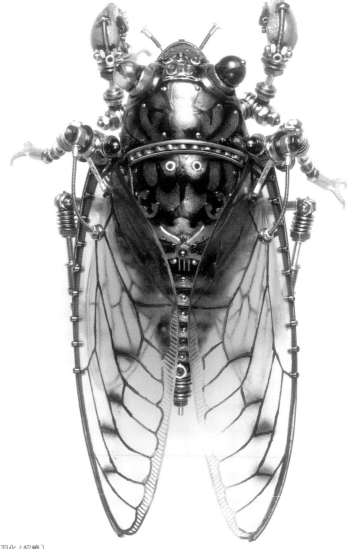

1.〔羽化／蛻蟟〕
2. 成蟲：W95×L160×H70mm
　（底座：W400×H450×D230mm）
3. 1999/SH-9936
4. photo：Ryuichi Okano
日經「Win-PC」1999年9月號封底作品擺飾

▼身體浮現顏色的成蟲。

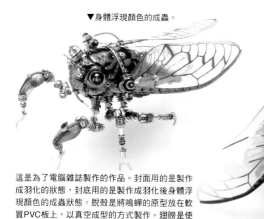

這是為了電腦雜誌製作的作品。封面用的是製作
成羽化的狀態，封底用的是製作成羽化後身體浮
現顏色的成蟲狀態。脫殼是將鳴蟬的原型放在軟
質PVC板上，以真空成型的方式製作。翅膀是使
用Print Gocco手動印表機將模樣印刷在軟質PVC
板上，再用熱水使其軟化後折彎加工製作。

◀剛剛羽化完成的身體呈現淡綠色，翅膀也偏白
色。掌握羽化完成後不同時間的成蟲特徵，製作
出2件作品。

Moths／尺蠖蛾

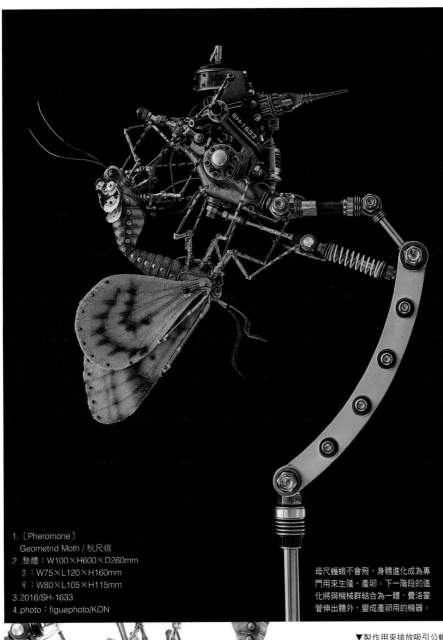

▲母尺蠖蛾的翅膀較小。

1.〔Pheromone〕
　Geometrid Moth／秋尺蛾
2.整體：W100×H600×D260mm
　♂：W75×L120×H160mm
　♀：W80×L105×H115mm
3.2016/SH-1633
4.photo：figuephoto/KON

母尺蠖蛾不會飛，身體進化成為專門用來生殖、產卵。下一階段的進化將與機械群結合為一體，費洛蒙管伸出體外，變成產卵用的機器。

▼製作用來排放吸引公蛾的物質的費洛蒙管裝置。將塑料棒與壓克力珠以透明環氧樹脂補土來增加分量及塑形。

▲翅膀是將模型草粉附著在描圖紙塗裝製作而成。

Monarch／帝王斑蝶

1. 〔Memory IC〕
   Monarch / 帝王斑蝶
2. 整體：W440×H620×D180mm
   蝶：W240×L180×H110mm
3. 2003/SH-0327
4. photo：Johnny Murakoshi

▲這是以分佈於北美，能夠長程遷徙達3000km而為人所熟知的候蝶－帝王斑蝶為創作主題的作品。

大規模的遷徙以及集團越冬行為，是否真的只是因為DNA流傳下來的本能呢？這個疑問開啟了這件作品的創作契機。如果在蛹的階段，藉由外部輸入資訊，重新覆寫了帝王斑蝶的DNA內容，這樣的設定一定很有趣…，因此製作出了被機械重重包圍的底座。這是將膠合板製成的外框加上由卡帶音響拆下來的零件組合而成。

Migratory Locust ／飛蝗

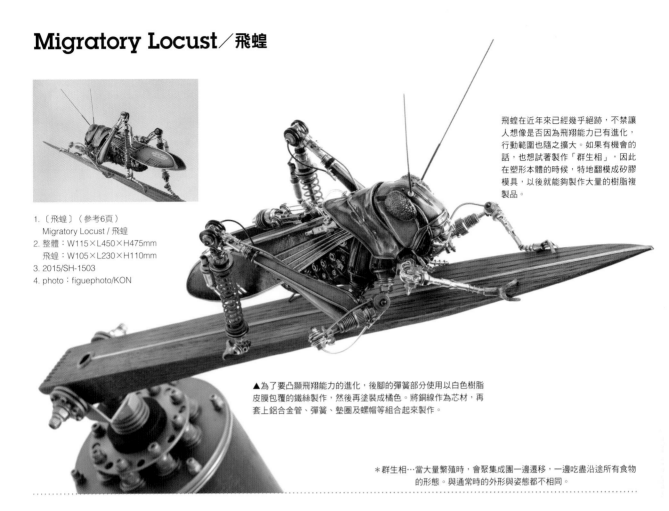

飛蝗在近年來已經幾乎絕跡，不禁讓人想像是否因為飛翔能力已有進化，行動範圍也隨之擴大。如果有機會的話，也想試著製作「群生相」，因此在塑形本體的時候，特地翻模成矽膠模具，以後就能夠製作大量的樹脂複製品。

1.〔飛蝗〕（參考6頁）
　Migratory Locust／飛蝗
2. 整體：W115×L450×H475mm
　飛蝗：W105×L230×H110mm
3. 2015/SH-1503
4. photo：figuephoto/KON

▲為了要凸顯飛翔能力的進化，後腳的彈簧部分使用以白色樹脂皮膜包覆的鐵絲製作，然後再塗裝成橘色。將銅線作為芯材，再套上鋁合金管、彈簧、墊圈及螺帽等組合起來製作。

＊群生相…當大量繁殖時，會聚集成團一邊遷移，一邊吃盡沿途所有食物的形態。與通常時的外形與姿態都不相同。

🎨 製作方法

▲以紙黏土塑形製作到塗裝為止的狀態。

▲黏貼銲錫線與金屬材料後的狀態。

▲背後的噴射推進器使用以連接端子為主的電子零件來進行細部精細化加工。

▲後翅是將筆及色鉛筆描繪出來的翅脈列印在描圖紙上製作而成。前翅是將厚紙板施以底層處理後，使用金屬色的瓷漆進行塗裝，邊緣再黏貼銲錫線裝飾。

▲製作途中的頭部。

◀將後翅裝設完成的狀態。

1.〔Caucasus beetle〕（參考7頁）
　高加索南洋大兜蟲
2. W205×L210×H75mm
3. 2015/SH-1518
4. photo：figuephoto/KON

▲翅膀的光澤，使用綠色系的金屬色塗料，上層再重複塗裝稱為MAZIORA色彩的偏光塗料。這種變色塗料和第1章的帝王泥壺蜂眼睛所使用的塗料有相同的效果，顏色會隨著觀看的角度不同而呈現變化。豎角之類較為尖細的零件，為了避免前端不慎缺損，要使用金屬線作為芯材製作。

⬤ 製作方法

▲塗裝進行到一半的狀態。

▲使用保鮮膜的軸芯當作竹子的素材。竹節的部分則是將金屬環束在保鮮膜軸芯兩端，再包覆補土使兩者合為一體。竹節中間再夾上一個墊圈。

▼小時候很難得看得到，心中憧憬的「高砂深山鍬形蟲」。
以支撐臂補強的大顎，有足以將任何敵人夾住扳倒的印象。
如果現在重新製作一次的話，想要將大顎改成可動式。

1.〔Miyama Stag beetle〕
　高砂深山鍬形蟲
2. W170×L225×H55mm
3. 2000/SH-0041
4. photo：Johnny Murakoshi
日經「Win-PC」2000年11月號封面作品擺飾

1.〔Golofa porteri〕
　波特瑞長臂豎角兜
2. 整體：W120×H420×D180mm
　豎角兜：W120×L190×H145mm
3. 2010/SH-1005
4. photo：Shinji Yamada

以棲息在中南美海拔高處竹林的獨角仙為創作原型。光滑的竹子表面不好落腳使力，導致豎角無法活用，因此前腳會比較發達。在製作的過程中，前腳總是會勾到手或衣服，更能深切感受到前腳的進化成效。

1.〔Hercules beetle〕
　海克力士長戟大兜蟲
2. W190×L290×H95mm
3. 2000/SH-0043
4. photo：Johnny Murakoshi

▲與實際的甲蟲相較之下，豎角的造形變長得相當誇張。長角上裝設有阻尼器，以便能夠吸收長角所承受的衝擊力道。長角內側的保護毛也改成攻擊用的尖針，讓整體造形看起來更為強悍。尖針是使用昆蟲針裁切下來的針頭部分製作。

Pseudoscorpion & Whipscorpion／擬蠍蟲＆鞭蛛

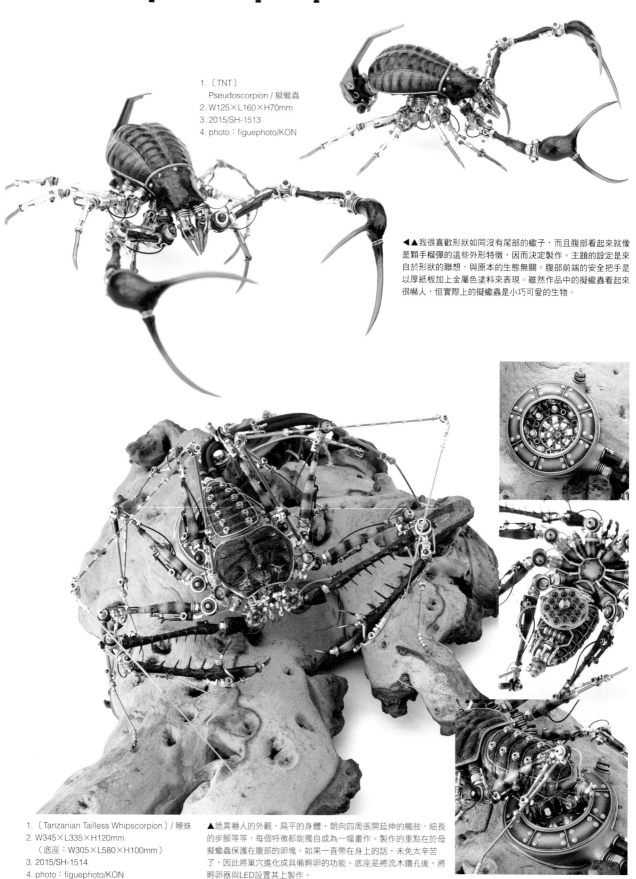

1.〔TNT〕
   Pseudoscorpion／擬蠍蟲
2. W125×L160×H70mm
3. 2015/SH-1513
4. photo：figuephoto/KON

◀▲我很喜歡形狀如同沒有尾部的蠍子，而且腹部看起來就像是顆手榴彈的這些外形特徵，因而決定製作。主題的設定是來自於形狀的聯想，與原本的生態無關。腹部前端的安全把手是以厚紙板加上金屬色塗料來表現。雖然作品中的擬蠍蟲看起來很嚇人，但實際上的擬蠍蟲是小巧可愛的生物。

1.〔Tanzanian Tailless Whipscorpion〕／鞭蛛
2. W345×L335×H120mm
   （底座：W305×L580×H100mm）
3. 2015/SH-1514
4. photo：figuephoto/KON

▲詭異嚇人的外觀，扁平的身體，朝向四周張開延伸的觸肢，細長的步腳等等，每個特徵都能獨自成為一幅畫作。製作的重點在於母擬蠍蟲保護在腹部的卵塊。如果一直帶在身上的話，未免太辛苦了，因此將巢穴進化成具備孵卵的功能。底座是將流木鑽孔後，將孵卵器與LED設置其上製作。

Scarabs／聖甲蟲（糞金龜）

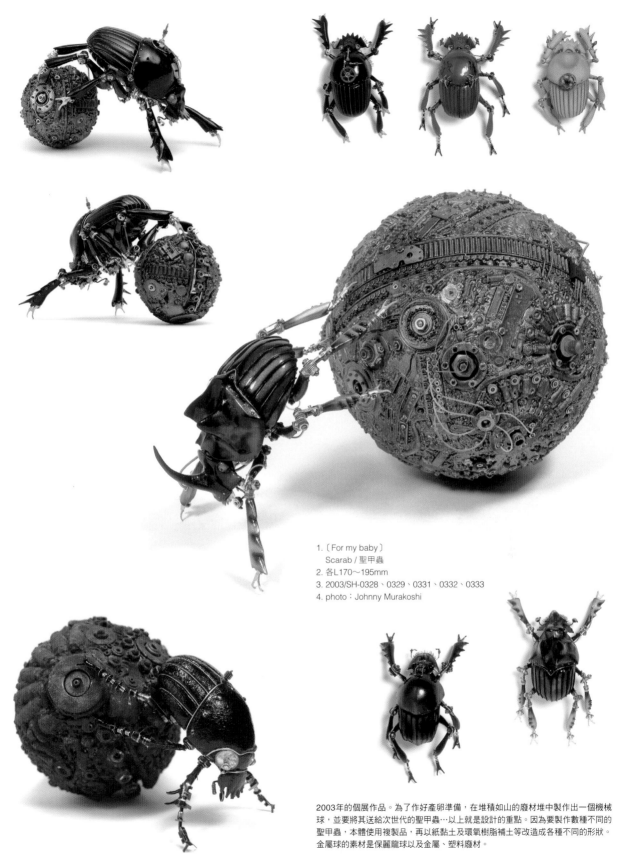

1.〔For my baby〕
   Scarab／聖甲蟲
2. 各L170～195mm
3. 2003/SH-0328、0329、0331、0332、0333
4. photo：Johnny Murakoshi

2003年的個展作品。為了作好產卵準備，在堆積如山的廢材堆中製作出一個機械球，並要將其送給次世代的聖甲蟲…以上就是設計的重點。因為要製作數種不同的聖甲蟲，本體使用複製品，再以紙黏土及環氧樹脂補土等改造成各種不同的形狀。金屬球的素材是保麗龍球以及金屬、塑料廢材。

Damselfly／豆娘

1. 〔水蠆〕
   Damselfly／翡翠豆娘的稚蟲
2. W160×L285×H80mm
3. 2008/SH-0803
4. photo：Shinji Yamada

▲水蠆折疊收起的下唇，會在捕捉獵物的時候瞬間伸長。

小學生的時候，曾經在放水要進行打掃的游泳池底部發現過佈滿池底的水蠆。有2種不同的形態，其中腹部末端看起來像長著翅膀的豆娘稚蟲比另一種帥氣多了。製作的動機是無論如何都想要再次呈現水蠆那可以伸縮的下唇。

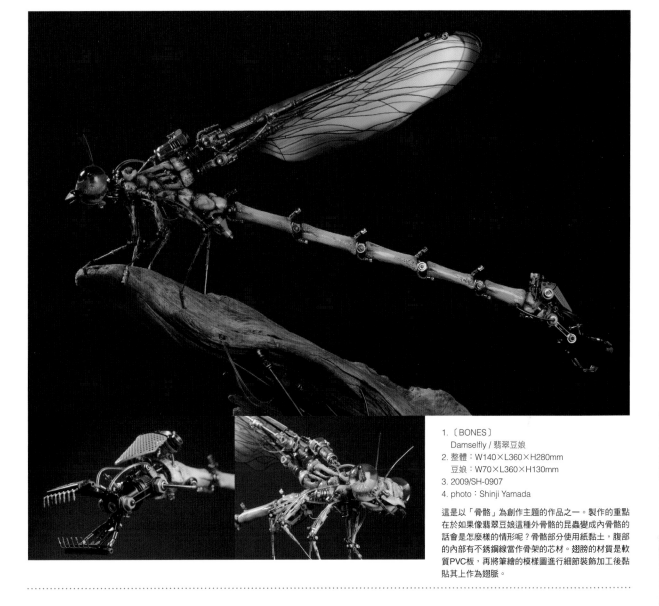

1. 〔BONES〕
   Damselfly / 翡翠豆娘
2. 整體：W140×L360×H280mm
   豆娘：W70×L360×H130mm
3. 2009/SH-0907
4. photo：Shinji Yamada

這是以「骨骼」為創作主題的作品之一。製作的重點在於如果像翡翠豆娘這種外骨骼的昆蟲變成內骨骼的話會是怎麼樣的情形呢？骨骼部分使用紙黏土，腹部的內部有不銹鋼線當作骨架的芯材。翅膀的材質是軟質PVC板，再將筆繪的模樣圖進行細節裝飾加工後黏貼其上作為翅脈。

🍥 製作方法

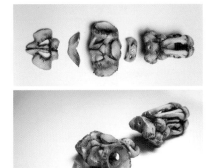

▲小型部位以瞬間接著劑裝設固定。頭部及胸部這類大型部位，則以鋁合金線為軸連接起來。

▲骨骼部分使用紙黏土及厚紙板製作。翅膀的基部則使用環氧樹脂補土製作。

◀▲製作途中的頭部與胸部。

▲將腳部暫時組裝起來的狀態。

Swallowtail／柑橘鳳蝶

▲會場的風景

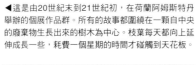

◀這是由20世紀末到21世紀初，在荷蘭阿姆斯特丹舉辦的個展作品群。所有的故事都圍繞在一顆自中央的廢棄物生長出來的樹木為中心。枝葉每天都向上延伸成長一些，耗費一個星期的時間才碰觸到天花板。

▲剛產下來的卵。實際上應該要一顆一顆分散開來，但為了要讓來場觀眾能夠察覺到這些卵的存在，因此製作成卵塊的狀態來展示。

▲孵化階段的幼蟲，以3～4齡幼蟲的姿態為模特兒製作。

▲終齡的幼蟲們。

▲幼蟲正在準備結成蛹的場景。吐絲成束來將身體固定住。

▲剛剛完成蛹化的狀態。幼蟲、蛹都以樹脂翻模複製品來增加數量。

▲孵化階段的幼蟲。因為1～2齡的外形看起來就像是鳥糞，不容易分辨得出是幼蟲，所以跳過這個階段直接從3～4齡幼蟲開始製作。

▲終齡幼蟲一共有6隻。其中有一隻正在將橘色的嗅角伸展開來。在作品的表現上，將嗅角製作成比起實際更加細長。

▲羽化中的柑橘鳳蝶（這3張照片是拍攝於會場以外的場所）。

▲脫殼是拿蛹的原型來做真空成型加工製作。

▲成蟲。翅膀是將模型草粉附著在描圖紙後，以瓷漆塗裝製作而成。

▲飛翔的柑橘鳳蝶。以鎢絲吊在空中展示。每天都會改變展示地點，營造出彷彿不斷移動般的演出。

▲產卵中的狀態。

▲產卵結束後，大群螞蟻群聚在正要迎接死亡來臨的柑橘鳳蝶身邊。一個生命的終結就以此種形式傳承至下一世代。螞蟻使用字母義大利麵製作，在展示台上排列成句傳達意念。

1. 〔Metamorphosis〕
   Swallowtail / 柑橘鳳蝶
2. 成蟲：W190×L170×H130mm
   蛹（羽化後）：W25×L85×H45mm
   蛹（羽化前）：W20×L75×H30mm
   終齡幼蟲：W30×L70×H35mm
   3齡幼蟲：W25×L60×H35mm
3. 2000/SH-0050、0058、0059、0092、0093、00106

將動植物的一生以「輪迴轉世」的主題來加以呈現。由柑橘鳳蝶從孵化、幼蟲、蛹化、羽化、成蟲、產卵到死亡的這一生為中心，長達2個月的展示期間，依照時間順序每天都會更換展出作品。

House centipede／蚰蜒

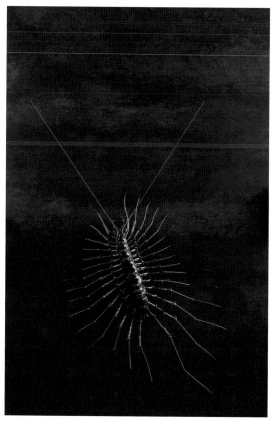

1.〔大蚰蜒〕
  House centipede / 蚰蜒
2. W330mm×L515mm×H85mm
3. 2016/SH-1622
4. photo：figuephoto/KON

第一次見到大蚰蜒的時候心裏有些抗拒，不過後來看到細長的腳以波浪般的方式前進的姿態，就決定要製作這個作品了。身體的素材是紙黏土，但因為總長有20cm，為了不要讓腳部被身體的重量壓垮，使用φ0.9mm的銅線作為腳部的芯材，並將前端研磨加工成較細長的狀態。

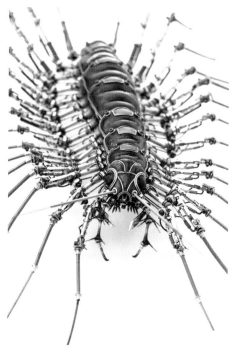

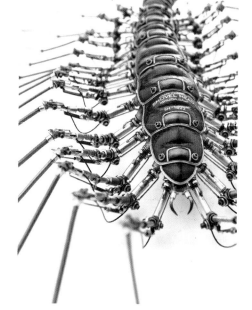

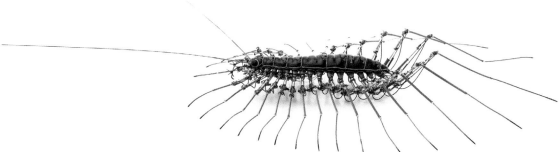

Rhaphidophoridae ／灶馬蟋蟀

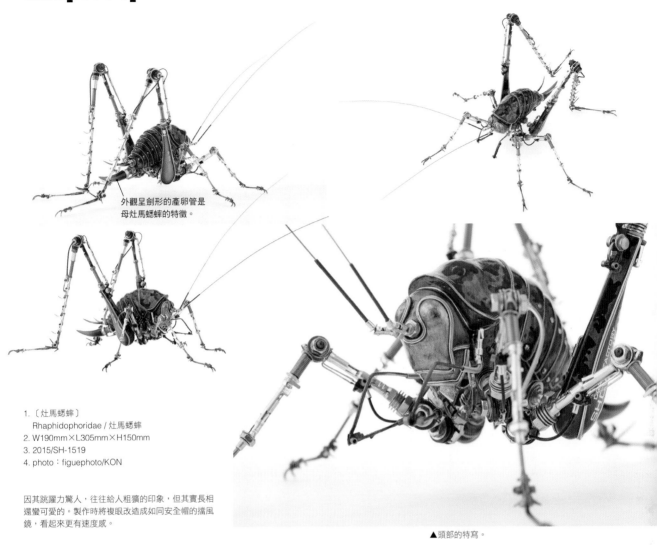

外觀呈劍形的產卵管是
母灶馬蟋蟀的特徵。

1. 〔灶馬蟋蟀〕
   Rhaphidophoridae / 灶馬蟋蟀
2. W190mm×L305mm×H150mm
3. 2015/SH-1519
4. photo：figuephoto/KON

因其跳躍力驚人，往往給人粗獷的印象，但其實長相
還蠻可愛的。製作時將複眼改造成如同安全帽的擋風
鏡，看起來更有速度感。

▲頭部的特寫。

製作方法

▲使用紙黏土將頭部、胸部以及腹部一體化製
作，並以塗裝的方式表現出獨特的斑紋模樣。

▲▶將延伸到前方的觸角及顎鬚修飾加工後可以增加精悍的
印象，所以這裏的細節精細化加工非常重要。

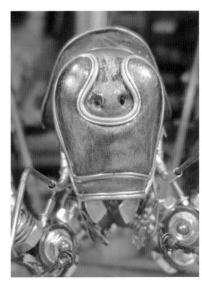

Predaceous diving beetle／龍蝨

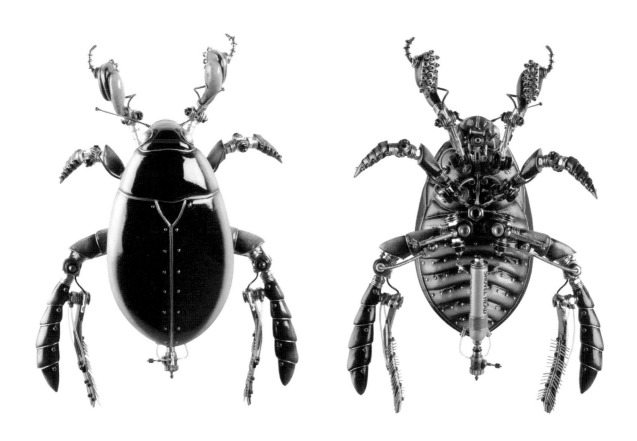

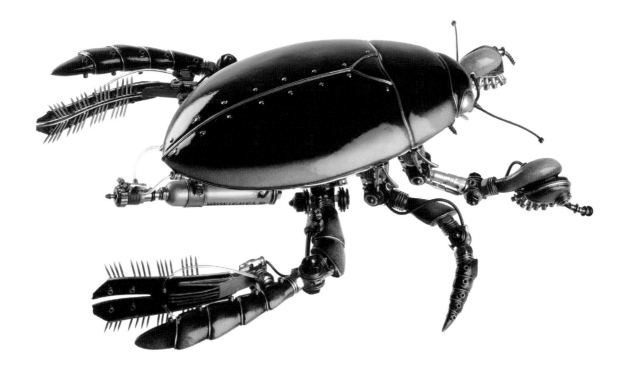

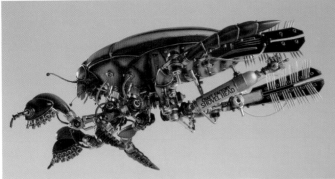

▲後腳長有用來撥水的毛刷狀游泳毛。

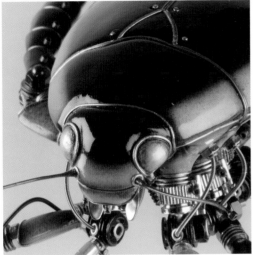

▲頭部的特寫。

最近比較少見到的一種水生昆蟲。雄龍蝨的前腳有吸盤,以便交尾時能夠牢牢地抓住母龍蝨,使用扣眼和圓珠的組合來呈現。後腳的游泳毛,是將昆蟲針的前端切下後,併排黏貼在鰭狀的後腳側面。

1. 〔龍蝨〕
   Predaceous diving beetle / 龍蝨
2. W140mm×L175mm×H80mm
   (底座:φ250×H150mm)
3. 2008/SH-0804
4. photo:Shinji Yamada

▲展示用的底座使用鏡面壓克力板製作。

....

📀 製作方法

▲正在以紙黏土製作本體中。外形和金龜子相同。

▲重覆塗裝數層,再噴塗透明保護漆來呈現出光澤感。

▲具有特色的前腳形狀。

▲正在製作鰭狀的後腳。

Giant waterbug／大田鱉

表側

1.〔大田鱉〕
　Giant waterbug／大田鱉
2. W210mm×L305mm×H95mm
3. 2008／SH-0802
4. photo：Shinji Yamada

製作方法

▲使用紙黏土塑形中。特徵是　▲塗裝作業中。
前翅呈現薄膜狀的翅脈。

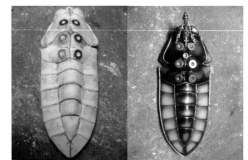

▲裏側製作中的樣子。

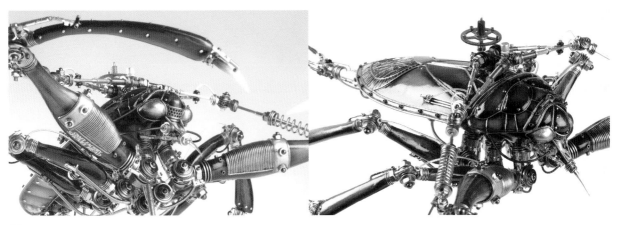

裏側

▲由腹部前端伸出的呼吸管，使用各種電子零件組合起來製作。
並且附設用來清潔的刷毛。

小時候去抓青蛙的時候，總是會順便
抓到大田鱉。記憶中當年還因為害怕
大田鱉外形長得像鐮刀的前腳，遲遲
不敢伸手去抓。作品中特地將這個兇
暴的印象強調出來。

Spiders／蜘蛛

1.〔熱烈歡迎〕
　Nephila pilipes／橫帶人面蜘蛛
2. W295mm×L355mm×H90mm
3. 1999/SH-9940
4. photo：Johnny Murakoshi
　日經「Win-PC」2000年9月號封
　面作品擺飾

在一個古老的和式土藏倉庫會場裏舉辦個展時，曾經使用絲線製作出直徑達2m的蜘蛛網，一共耗費了整整兩天的時間。經過這次的作業經驗，讓人更加感佩蜘蛛搭網的速度與精確度。

1.〔Sabon〕
　Glass jumping spider／蠅虎
2. W120mm×L120mm×H50mm
3. 2015/SH-1509
4. photo：figuephoto/KON

▲與玻璃藝術家森崎かおる老師共同製作的作品。一看到森崎老師先製作的球形玻璃作品，便讓我聯想蠅虎的腹部。與頭部紙黏土連接的玻璃部分，請森崎老師幫忙鑽開了一個φ5mm的孔洞，將螺栓穿過孔洞後，由兩側以螺帽鎖緊固定。

1.〔類青新圍蛛〕
　Neoscona mellotteei／類青新圍蛛
2. ♂：W80mm×L90mm×H30mm
　♀：W70mm×L70mm×H25mm
3. 2006/SH-0609（♂）、0610（♀）
4. photo：Johnny Murakoshi

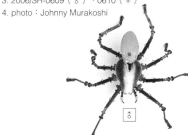

▲鮮豔的黃綠色給人留下深刻印象。公母的形狀各異，因此一次製作出一對。

▼當外來種的蜘蛛由原產地來到日本活動時，原本擁有的特性會變成怎麼樣呢？原本擁有的特性會變成怎麼樣呢？這就是此件作品的創作靈感。在設定上，因為無法再自行生產毒液，所以進化成為擁有補給基地的狀態。

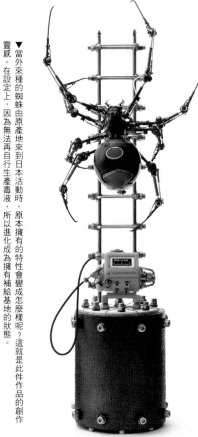

1.〔Supply Base〕
　Red-back window spider／紅背蜘蛛
2. W155mm×L230mm×H100mm
　（底座：W130mm×H385mm×D130mm）
3. 2015/SH-1508
4. photo：figuephoto/KON

Japanese giant hornet／大虎頭蜂

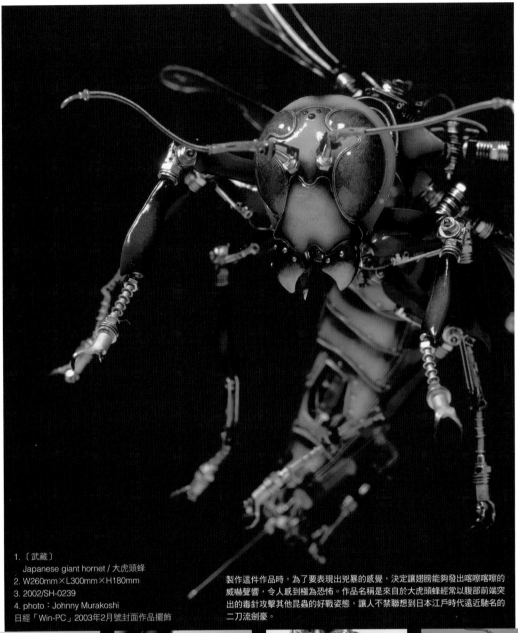

1.〔武藏〕
　Japanese giant hornet／大虎頭蜂
2. W260mm×L300mm×H180mm
3. 2002/SH-0239
4. photo：Johnny Murakoshi
　日經「Win-PC」2003年2月號封面作品擺飾

製作這件作品時，為了要表現出兇暴的感覺，決定讓翅膀能夠發出喀嚓喀嚓的威嚇聲響，令人感到極為恐怖。作品名稱是來自於大虎頭蜂經常以腹部前端突出的毒針攻擊其他昆蟲的好戰姿態，讓人不禁聯想到日本江戶時代遠近馳名的二刀流劍豪。

Ants／螞蟻

◀自從知道切葉蟻會在帶回巢穴的葉片上種植菌類，然後再當作餌食利用的資訊後，腦海裏便浮現如果帶回巢穴的不是葉片，而是重新利用電腦廢材會是什麼樣子呢。光是想像蟻穴裏正在將基板重新提煉出稀有金屬或是貴金屬的情景，就讓我感到有趣不已。

1.〔Leafcutter ant〕
　切葉蟻
2. W255mm×L245mm×H160mm
3. 2013/SH-1322

1.〔Paraponera〕
　子彈蟻
2. W220mm×L220mm×H80mm
3. 2013/SH-1318

1.〔Honey pot〕
　Honeypot ant／蜜蟻
2. 整體：W140mm×H355mm×D75mm
　蜜蟻：W65mm×L100mm×H60mm
3. 2006/SH-0607
4. photo：Johnny Murakoshi

初次見到這種會將花蜜貯藏在腹部的螞蟻的姿態，就聯想到身體彷彿也是生產線機械的一部分。底座是以我在工廠參觀行程中，看到過的飲料工廠的產線機械群為設計來源。腹部素材使用的是轉蛋玩具的塑膠殼。

◀設計靈感來自棲息於中南美的一種螞蟻。被這種螞蟻刺傷時，會產生如同被子彈擊中的劇痛，因而稱之為「Bullet ant（子彈蟻）」。未來的子彈蟻的腹部前端的刺針，將會進化成火神式機砲來增強殺傷能力也說不定。

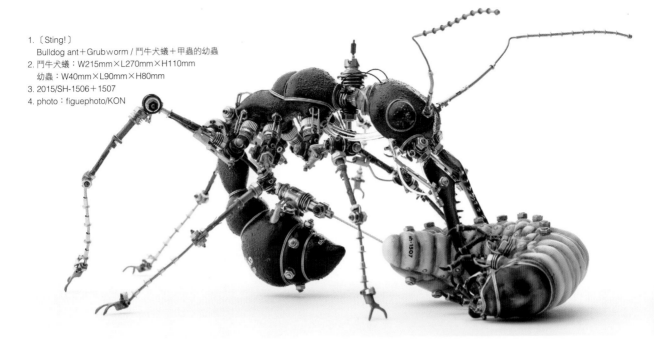

1.〔Sting!〕
　Bulldog ant＋Grubworm／鬥牛犬蟻＋甲蟲的幼蟲
2. 鬥牛犬蟻：W215mm×L270mm×H110mm
　幼蟲：W40mm×L90mm×H80mm
3. 2015/SH-1506＋1507
4. photo：figuephoto/KON

▲因為預計要製作好幾種不同的螞蟻作品，所以要以矽膠將紙黏土原型翻模製作成模具，再使用樹脂複製品來製作作品。170頁的切葉蟻及子彈蟻即為使用相同的樹脂複製品，再改造身體形狀製作而成。胸部與腹部的關節使用與泥壺蜂相同的製作方法，裝設鉸鏈使其成為可動式構造。

🖊 製作方法

以環氧樹脂補土製作

▲將紙黏土與環氧樹脂補土在樹脂複製品上塑形改變形狀。

▲將頭部與大顎暫時組裝起來的狀態。

▲內側如同梳齒的部分，以昆蟲針的前端製作。下顎已經完成底層處理。

▲塗裝完成的狀態。

▲將螞蟻本體塗裝完成的狀態。

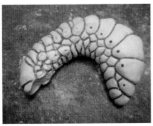

▲甲蟲的幼蟲使用紙黏土來塑形。

▲將金屬零件裝設在腳部及側面的氣門後的狀態。

▶進行細節精細加工前的狀態。

Japanese ground beetle／食蝸步行蟲

大顎

小顎

下唇鬚

小顎鬚

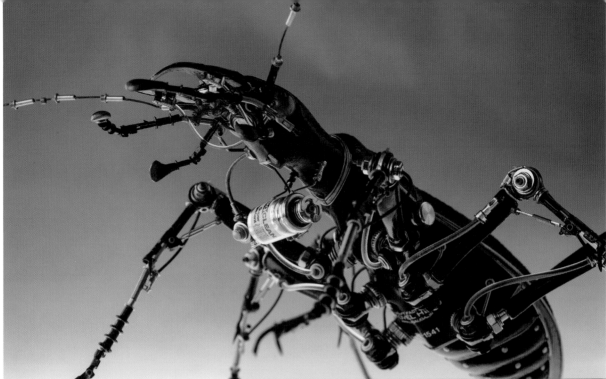

1. 〔食蝸步行蟲〕
   Japanese ground beetle / 食蝸步行蟲
2. W200mm×L260mm×H130mm
3. 2015/SH-1541
4. photo：figuephoto/KON

食蝸步行蟲因為會將頭部穿進蝸牛殼內吃掉蝸牛而命名。聽說近年來蝸牛數量正在減少，於是成為這件作品的創作契機。將蝸牛的肉溶化後食用時，口中吐出的消化液，進化改成交換補充式，並且可以因應所有的生物，更換使用不同消化液。

製作方法

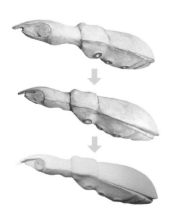

▲使用紙黏土塑形本體的階段。將細長的頭部、胸部、腹部以一體化的方式製作。

▼完成塗裝及銲錫線裝飾作業，並且將口器裝設完成的狀態。

▲針對壯碩的大顎，毛刷狀的小顎等形狀進行修飾加工。下唇鬚及小顎鬚饒富特色。

Treehoppers／角蟬

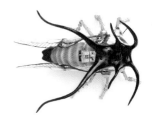

1. 〔Treehopper no.01〕
   Bocydium sp. ／ 巴西角蟬
2. W60mm×L100mm×H60mm
3. 2006/SH-0606
4. photo：Johnny Murakoshi

通稱雖然都叫角蟬，但似乎分成幾種亞種，而且各有不同的學名。當時是參考哪種角蟬製作已經不記得了，到現在也已經不可考了。

1. 〔Treehopper no.02〕
   Cyphonia sp. ／ 三突角蟬（担蟻角蟬）
2. W80mm×L85mm×H55mm
3. 2006/SH-0605
4. photo：Johnny Murakoshi

＊通稱已由三突角蟬變更為担蟻角蟬。
Cyphonia sp. → Cyphonia clavata

1. 〔Treehopper no.03〕
   Cyphonia sp. ／ 紅刺角蟬（紅腹三刺角蟬）
2. W60mm×L80mm×H70mm
3. 2006/SH-0604
4. photo：Johnny Murakoshi

＊通稱已由紅刺角蟬變更為紅腹三刺角蟬。
Cyphonia sp. → Cyphonia trifida

製作方法

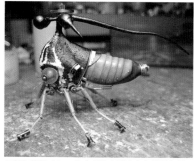

▲製作當時（2006年）並沒有那麼多角蟬的資料可供查詢，也有很多尚未命名的新種。現在雖然有些通稱已經變更，不過角蟬已經成為較以前更加主流的昆蟲了。

▲使用紙黏土及環氧樹脂補土正在塑形三突角蟬的狀態。

▲裝設翅膀前的本體。

Goliathus regius／帝王大角花金龜

這件作品是製作棲息在非洲大陸的一種大型花金龜。身體使用與157頁的聖甲蟲相同的樹脂複製素體，將表面的模樣削去，再以紙黏土及環氧樹脂補土將頭部前端的突起及前翅隆起的形狀塑形改造而成。

1.〔Goliath〕
　Goliathus regius／帝王大角花金龜
2. W150mm×L225mm×H65mm
3. 2015/SH-1504
4. photo：figuephoto/KON

 製作方法

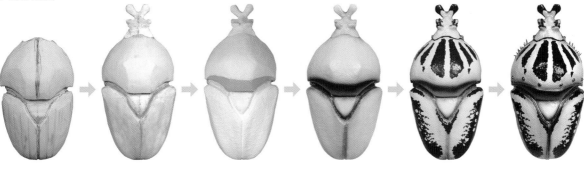

①使用與聖甲蟲相同的樹脂複製素體進行加工。

②突起與前翅形狀塑形完成的狀態。

③底層處理階段。

④塗裝作業中（進行底塗的狀態）。

⑤將模樣塗裝完成後的狀態。

⑥本體修飾完成後的狀態。

1.〔Man-faced stinkbug〕
　人面椿象
2. W85mm×L100mm×H35mm
3. 2000/SH-0056

作者介紹

宇田川譽仁（UDAGAWA YASUHITO）

1967年　生於東京。居住於川崎市。
1989年　武藏野美術大學建築學科畢業後，在設計師事務所任職達7年，一邊工作一邊著手製作造形作品，並參加群展。
1996年　以 "craft factory SHOVEL HEAD" 的名義專心於創作活動。作品亦經常發表於書籍、雜誌的封面造形及企業廣告等平台。參與多場個展、群展。直到現在。
擅長使用紙黏土、金屬材、電子零件、塑膠廢材等各式各樣的素材，以不論實際存在，或是幻想中的生物為創作主題，進行再生、進化、變異成機械性的造形物 "機械變種生物" 的製作。
http://www.ugauga.jp/

編輯

角丸圓（KADOMARU TSUBURA）

自懂事以來即習於寫生與素描，國中、高中擔任美術社社長。實際上的任務是守護早已化為漫畫研究會及鋼彈愛好會的美術社及社員，培養出現在於電玩及動畫相關產業的創作者。自己則在東京藝術大學美術學部以映像表現與現代美術為主流的環境中，選擇主修油畫。
除《人物を描く基本》《水彩画を描くきほん》《カード絵師の仕事》《アナログ絵師たちの東方イラストテクニック》《ロボットを描く基本（機器人描繪構圖基本技巧 北星圖書事業股份有限公司）》《人物クロッキーの基本（人物速寫基本技法 北星圖書事業股份有限公司）》的編輯工作外，也負責《萌えキャラクターの描き方》《萌えふたりの描き方》等系列書系。

封面設計
島內泰弘設計工作室

本文排版設計
廣田正康

攝影
figuephoto/KON（封面照片等等）
Okano Ryuichi　岡野隆一
Shinji Yamada　山田慎二
Johnny Murakoshi　村越 Johnny 幸治

製作過程攝影・製作助手
門脇瑞砂（SHOVEL HEAD）

第1章〜3章構成＆初步排版作成
久松綠（Hobby JAPAN）

企劃
谷村康弘（Hobby JAPAN）

機械昆蟲製作全書
不斷進化中的機械變種生物

作　　者／宇田川譽仁
編　　輯／角丸圓
譯　　者／楊哲群
發 行 人／陳偉祥
發　　行／北星圖書事業股份有限公司
地　　址／234新北市永和區中正路458號B1
電　　話／886-2-29229000
傳　　真／886-2-29229041
網　　址／www.nsbooks.com.tw
E-MAIL／nsbook@nsbooks.com.tw
劃撥帳戶／北星文化事業有限公司
劃撥帳號／50042987
製版印刷／皇甫彩藝印刷股份有限公司
出 版 日／2017年5月
I S B N／978-986-6399-62-6
定　　價／500元

機械昆蟲制作のすべて 進化し続けるメカニカルミュータントたち
©宇田川譽仁,角丸つぶら／HOBBY JAPAN 2016

國家圖書館出版品預行編目資料

機械昆蟲製作全書：不斷進化中的機械變種生物／宇田川譽仁作；角丸圓編輯；楊哲群譯. -- 新北市：北星圖書，2017.05
面；　公分
ISBN 978-986-6399-62-6(平裝)

1.機械 2.模型 3.昆蟲

426.78　　　　　　　　　　　106003555